高职高专机电类规划教材

PLC应用技术
项目化教程

孙卫锋　翟玲　主编

化学工业出版社
·北京·

本书以当前应用比较广泛的三菱 FX 系列 PLC 为对象，根据当前职业教育教学改革的需要，采用项目化模式编写，由浅入深地介绍了 PLC 的基本指令、步进指令、应用程序编制，以及 PLC 控制系统的装配、调试与维护方法。本书选取的工作任务均来自现实生活、工作中的实际应用案例，每个任务包括学习目标、任务导入、相关知识、任务实施四部分，在具体任务中引入理论知识，将其融入实践过程中，任务步骤详细，图文并茂，内容精练，方便学生自我学习。全书将新技术、新工艺纳入各个项目，使本书更贴近 PLC 技术的发展和实际应用需要。每个项目后面配有项目训练，以使学生巩固所学知识和技能。

　　本书可作为我国高职和中职、技师学院的机电大类和自动化大类专业的教材，也可作为技术人员自学用书。

图书在版编目（CIP）数据

PLC 应用技术项目化教程/孙卫锋，翟玲主编．—北京：化学工业出版社，2020.7

高职高专机电类规划教材

ISBN 978-7-122-36774-7

Ⅰ．①P…　Ⅱ．①孙…②翟…　Ⅲ．①PLC 技术-高等职业教育-教材　Ⅳ．①TM571.61

中国版本图书馆 CIP 数据核字（2020）第 077647 号

责任编辑：潘新文　　　　　　　　　　　　装帧设计：韩　飞
责任校对：王　静

出版发行：化学工业出版社（北京市东城区青年湖南街 13 号　邮政编码 100011）
印　　刷：三河市航远印刷有限公司
装　　订：三河市宇新装订厂
787mm×1092mm　1/16　印张 11　字数 251 千字　　2020 年 8 月北京第 1 版第 1 次印刷

购书咨询：010-64518888　　　　　　　　　售后服务：010-64518899
网　　址：http://www.cip.com.cn
凡购买本书，如有缺损质量问题，本社销售中心负责调换。

定　　价：35.00 元

前　言

　　PLC 应用技术是高职高专机电、电气类专业的一门专业核心课程。本书以当前应用比较广泛的三菱 FX 系列 PLC 为对象，根据当前职业教育教学改革的需要，以培养学生在工作过程中分析问题和解决问题的综合职业能力为目标，采用项目任务模式编写。在每个学习项目中选取典型工作任务，每个工作任务围绕掌握技能这一核心，兼顾理论与实践的有机结合，由浅入深地介绍 PLC 的基本指令、步进指令、应用程序编制，以及 PLC 控制系统的装配、调试与维护方法。本书选取的工作任务均来自现实生活、工作中的实际应用案例，变学科式学习环境为岗位式学习环境，使学生在一个个贴近生产实际的具体情境中学习，与学生将来就业的相关工作岗位相匹配，以激发学习兴趣，较好地实现专业教材和工作岗位的有机对接，提高将来岗位适应能力，满足企业相关岗位对职业院校机电、电气类学生的实际需要。

　　本书在编写过程中，充分体现"教、学、做"一体化的教学模式，在具体任务中引入必需的理论知识，将其融入实践过程中，任务步骤详细，图文并茂，表达精练、准确、科学，方便学生自我学习。全书每部分内容的编排中，将新技术、新工艺纳入其中，使本书更贴近 PLC 技术的发展和实际应用需要。

　　本书在每个任务开始都给出了学习目标，使学生学习前就清晰地了解通过本任务的学习所应达到的目标。

　　在任务导入部分，根据生产、生活中的实际应用提出要实现的任务及工作要求，明确本次任务具体要做的具体工作。

　　在相关知识部分，主要针对本工作任务涉及的理论知识及行业规则进行介绍，结合工作任务有目的地学习，真正达到学以致用，学用结合，避免理论与实际应用脱节。

　　在任务实施部分，结合工作任务目标，以教师演示或学生亲自动手操作的方式，按步骤完成工作任务，掌握基本技能，使得学生深刻体会如何应用所掌握的理论知识完成实际的操作，使任务得以完成。

本书在每个项目后面配有项目训练，以使学生巩固所学知识和技能。

本书可作为职业院校机电、电气自动化等专业的教材，也可作为技术人员自学用书。

本书由孙卫锋、翟玲主编，张慧卿任副主编、曹志艳参加编写。在编写过程中，编者参阅了国内外出版的有关教材和资料，对相关作者在此一并表示衷心的感谢！由于编者水平有限，书中不妥之处在所难免，恳请读者批评指正。

编者

2020. 4

目　录

PLC 的发展和应用

通过本项目学习，系统掌握 PLC 的基本原理、功能、应用、程序设计方法和编程技巧，为今后从事自动化控制领域的工作打下基础。PLC 是一种新型的通用自动控制装置，它将传统的继电器控制技术、计算机技术和通信技术融为一体，具有功能强、可靠性高、环境适应性好、编程简单、使用方便以及体积小、重量轻、功耗低等一系列优点，因此应用越来越广泛。

任务一　认识 PLC

【学习目标】

① 了解 PLC 的历史和发展趋势。

② 掌握 PLC 的特点和基本应用。

③ 掌握 PLC 的结构类型及技术性能指标。

④ 熟悉 FX2N-48MR 小型 PLC 各组成部分的功能。

⑤ 了解 PLC 的选型原则，能够根据控制要求进行选型。

【任务导入】

PLC 问世前，工业控制领域中是以继电器控制占主导地位。继电器控制系统的明显缺点是体积大、耗电多、可靠性差、寿命短、运行速度不高，尤其是对生产工艺多变的系统，适应性很差，如果生产任务和工艺发生变化，就必须重新设计，并改变硬件结构，从而造成时间和资金的严重浪费。

1968 年，美国通用汽车公司为适应生产工艺的不断更新和汽车产品不断变化的需要，提出汽车生产流水线控制系统的自动化技术要求，具体要求有以下几个方面：编程简单方便，可在现场修改程序；硬件维护方便，最好是插件式结构；可靠性高于继电器控制；可将数据直接送入管理计算机；在扩展时原有系统只需很小改动。美国数据设备公司（DEC）根据以上要求研制出 PLC 样机。

【相关知识】

1. PLC 的产生和发展

1969 年，美国数字设备公司根据 GM 公司的招标技术要求，研制出世界上第一台 PLC，并在 GM 公司汽车自动装配线上试用，获得成功。其后，日本、德国等相继引入这项新技术，PLC 由此而迅速发展起来。

1971 年，日本从美国引进 PLC 技术并开始生产 PLC。

1973 年，欧洲国家开始生产 PLC。

1974 年，我国开始研制 PLC，并于 1977 年应用于工业生产。

1980 年，美国电气制造商协会（National Electric Manufacturer Association，NEMA）对 PLC 作了如下定义：PLC 是一种数字式的电子装置，它使用可编程序的存储器来存储指令，实现逻辑运算、计数、计时和算术运算等功能，用于对各种机械或生产过程进行控制。

1987 年，国际电工委员会（International Electrical Committee，IEC）对 PLC 作了如下定义：PLC 是一种专门为在工业环境下应用而设计的数字运算操作的电子装置，它采用可以编制程序的存储器，用来在其内部存储执行逻辑运算、顺序运算、计时、计数和算术运算等操作的指令，并能通过数字式或模拟式的输入和输出，控制各种类型的机械或生产过程。PLC 及其有关的外围设备都应按照易于与工业控制系统形成一个整体、易于扩展其功能的原则而设计。

20 世纪 80 年代以来，随着超大规模集成电路技术的迅猛发展，以 16 位和 32 位微处理器为核心的 PLC 得到迅速发展，这时的 PLC 具有了高速计数、中断技术、PID 调节和数据通信等功能，从而使 PLC 的应用范围和应用领域不断扩大，成为现代工业控制的三大支柱（PLC、工业机器人和 CAD/CAM）之一。

目前世界上生产 PLC 的厂家较多，较有影响的公司有德国西门子（SIEMENS）公司、美国罗克韦尔（ROCKWELL）公司、日本欧姆龙（OMRON）公司、三菱公司、松下电工等。

西门子公司生产的 PLC 机型主要有两大类：S5 系列及 S7 系列。其中 S7 系列为 S5 系列的改进型。S5 系列机型包括 S5-90U、S5-95U、S5-115U、S5-135U 以及 S5-155U。其中 S5-155U 为超大型机，控制点数超过 6000 点，模拟量 300 多路。S7 系列包括 S2-200、S7-300、S7-400。

欧姆龙公司的 PLC 产品有 CMP1A 型、CMP2A 型、P 型、H 型、CQM1 型、CV 型、CS1 型等，其大、中、小、超小型 PLC 各具特色。

美国罗克韦尔公司兼并了阿兰德－布兰德利（A－B）公司，PLC 产品主要包括 PLC-5 系列及 SLC-500 系列。

日本三菱公司早期小型机产品 F1 在我国国内使用较多，后来它又推出 FX2 机型。其中大型 PLC 为 A 系列。

图 1-1-1 所示为部分品牌 PLC 的样机图。

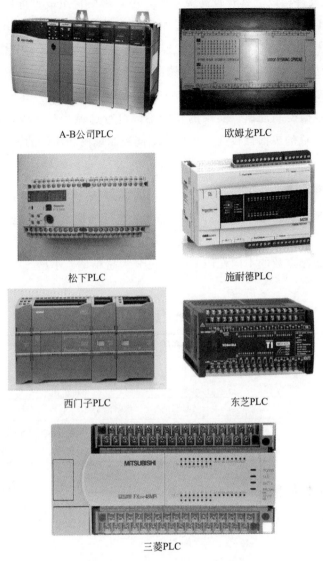

A-B公司PLC　　　　欧姆龙PLC

松下PLC　　　　施耐德PLC

西门子PLC　　　　东芝PLC

三菱PLC

图 1-1-1　部分品牌 PLC 的样机图

2. PLC 的分类

PLC 的种类很多，其实现的功能、内存容量、控制规模、外形等方面均存在较大差异。因此，PLC 的分类没有严格的统一标准，可以按照结构形式、控制规模、实现的功能等进行大致的分类。

（1）按结构分类

PLC 按照其硬件的结构形式可以分为整体式和组合式。

整体式 PLC 外观上是一个箱体，又称箱体式 PLC。整体式 PLC 的 CPU、存储器、输入输出都安装在同一机体内，如西门子（SIEMENS）公司 S5-90U、S7-200 等，欧姆龙（OMRON）公司的 C20P、C40P，松下电工的 FP0、FP1 等产品。这种结构的特点是结构简单，体积小，价格低，输入输出点数固定，实现的功能和控制规模固定，但灵活性较低。

组合式 PLC 在硬件构成上具有较高灵活性，由各种模块组成，可进行组合以构成不同控制规模和功能的 PLC，也称模块式 PLC。组合式（模块式）PLC 采用总线结构，即在一块总线底板上有若干个总线槽（或采用总线连接器），每个总线槽上安装一个或数个模块，不同模块实现不同功能。PLC 的 CPU 和存储器设计在一个模块上，有时电源也放在这个模块上，该模块一般被称为 CPU 模块，在总线上的位置是固定的。其他还有输入输出、智能、通讯等模块，根据控制规模、实现的功能不同进行选择，并安排在总线槽中。组合式 PLC 的特点是系统构成的灵活性较高，可构成不同控制规模和功能的 PLC，维护维修方便，但价格相对较高。

（2）按控制规模分类

PLC 的控制规模主要是指开关量的输入输出点数及模拟量的输入输出路数，但主要以开关量的点数计数。模拟量的路数可折算成开关量的点数，一般一路模拟量相当于 8～16 点开关量。根据 I/O 控制点数的不同，PLC 大致可分为超小型、小型、中型、大型及超大型。具体划分见表 1-1-1。

表 1-1-1　PLC 按规模分类表

类　型	I/O 点数	存储器容量/KB	机型
超小型	64 以下	1～2	西门子 S7-200、S5-90U，三菱 F10 等
小型	64～128	2～4	西门子 S5-100U，三菱 F-40、F-60 等
中型	128～512	4～16	西门子 S7-300、S5-115U，三菱 K 系列等
大型	512～8192	16～64	西门子 S5-135U、S7-400，三菱 A 系列等
超大型	大于 8192	64～128	西门子 S5-155U，A-B 公司 PLC-3 等

3. PLC 的技术性能指标

PLC 的技术性能指标主要有以下几个方面。

（1）存储容量

存储容量是指用户程序存储器的容量。用户程序存储器的容量大，可以编制出复杂的程序。一般来说，小型 PLC 的用户存储器容量为几千字节，而大型机的用户存储器容量为几万字节。

（2）I/O 点数

输入/输出（I/O）点数是 PLC 可以接收的输入信号和输出信号的总和，是衡量 PLC 性能的重要指标。I/O 点数越多，外部可接的输入设备和输出设备就越多，控制规模就越大。

（3）扫描速度

扫描速度是指 PLC 执行用户程序的速度，是衡量 PLC 性能的重要指标。一般以扫描 1K 字节用户程序所需的时间来衡量扫描速度，通常以 ms/KB 为单位。PLC 用户手册一般给出执行各条指令所用的时间，可以通过比较各种 PLC 执行相同的操作所用的时间，来衡量扫描速度的快慢。

（4）指令功能与数量

指令功能的强弱、数量的多少也是衡量 PLC 性能的重要指标。编程指令的功能越强、数量越多，PLC 的处理能力和控制能力也越强，用户编程也越简单和方便，越容易完成复杂的控制任务。

（5）内部元件种类与数量

在编制 PLC 程序时，需要用到大量的内部元件来存放变量、中间结果、保持数据、定时计数、模块设置和各种标志位等信息。这些元件的种类与数量越多，表示 PLC 的存储和处理各种信息的能力越强。

（6）特殊功能单元

特殊功能单元种类的多少与功能的强弱是衡量 PLC 产品的一个重要指标。近年来各 PLC 厂商非常重视特殊功能单元的开发，特殊功能单元种类日益增多，功能越来越强，使 PLC 的控制功能日益扩大。

（7）可扩展能力

PLC 的可扩展能力包括 I/O 点数的扩展、存储容量的扩展、联网功能的扩展、各种功能模块的扩展等。在选择 PLC 时，经常需要考虑 PLC 的可扩展能力。

4. PLC 与微机、继电器控制装置的异同

PLC 与微机具有以下相同点：

① 控制核心部件均采用微处理器及计算机技术。

② 硬件基本结构、工作的基本原理也大体相同。

③ 控制程序可编，都不必修改硬接线即可改变控制内容。但 PLC 在这方面更灵活、更方便。

PLC 与微机的不同点如下：

① PLC 的可靠性高。这是由于 PLC 在设计制造时已充分考虑到工业现场环境恶劣。

② PLC 编程简单。PLC 为了适应工业现场，考虑现场维修人员熟悉继电器线路图，采用简单易懂的梯形图等符号式语言，避免了计算机的汇编语言，以及高级编程语言，这给 PLC 的普及应用创造了条件。

③ PLC 易于维护，而微机控制系统维护工作量大。

④ PLC 的输入输出响应速度慢，有较大的滞后现象（一般为 ms 级），的输入输出响应速度快，一般为微秒级。

PLC 与继电器控制装置的相同点如下。

① 均能大量地应用于顺序控制领域；

② 均能在恶劣的环境下，对生产机械、生产过程进行控制；

③ PLC 的梯形图与继电器控制线路图基本相同。

PLC 与继电器控制装置的不同点如下：

① 组成器件不同。继电器控制线路是由许多真正的"硬"继电器组成，而 PLC 大量使

用"软"继电器。这些"软"继电器实质是 PLC 内部存储器中的某一位触发器，它可以被置"0"或置"1"。"硬"继电器易磨损，而"软"继电器则无磨损现象。

② 触点数目不同。"硬"继电器的触点数目有限，用于控制的触点一般只有几个；而"软"继电器供编程使用的触点数有无数多个。因为"软"继电器的触点是指存储器中的某一位，它可以被控制程序无限次的读取。

③ 实施控制的方法不同。在继电器控制线路中，实现某种控制功能是通过各继电器间的硬接线来解决，其功能固定。而 PLC 控制是通过软件编程来实现，外部接线简单，且灵活多变。特别是当要改变生产过程，修改控制内容时 PLC 就极为方便，只要修改一下程序就可以了，硬接线基本不须改动。

④ PLC 采用积木式结构，易扩充，易维护，同时占地面积小，工期短。

【任务实施】

1. 认识 PLC 的基本组成

PLC 的逻辑结构如图 1-1-2 所示。

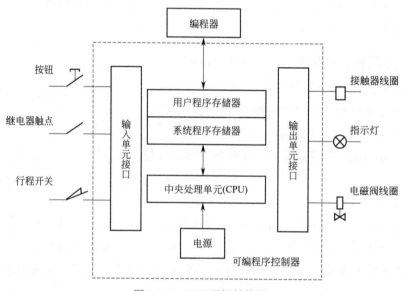

图 1-1-2　PLC 逻辑结构图

（1）CPU

CPU 是 PLC 的运算控制中心，它在系统程序的控制下，完成逻辑运算、数学运算，协调系统内部各部分的工作，采集输入信号，执行用户程序，刷新系统的输出。CPU 包括控制电路、运算器和寄存器，具体作用是：

① 接收、存储从编程器输入的用户程序和数据；

② 诊断电源、PLC 内部电路的工作状态和语法错误；

③ 按扫描工作方式接收来自输入单元的数据和信息，并存入相应的数据存储区；

④ 执行监控程序和用户程序，完成数据和信息的逻辑处理，产生相应的内部控制信号，

完成用户指令规定的各种操作；

⑤ 响应外部设备的请求，也就是将用户程序的运行结果送至输出端。

（2）存储器

存储器用于存放系统程序、用户程序和运行中的数据。包括系统程序存储器和用户程序存储器。根据其特性不同又分为只读存储器（ROM）和随机存取存储器（RAM）。ROM 又包括 EPROM（可擦除程序的只读存储器，用紫外线照射芯片上的透镜窗口，可以擦除已写入的内容，而写入新的程序）和 EEPROM（可电擦除的只读存储器，兼有 ROM 的非易失性和 RAM 的随机存取的优点）。RAM 可读可写，没有断电保持功能。一般来说，ROM 存放系统程序及用户开发的应用程序。RAM 存放程序运行时的临时数据。

（3）输入输出接口

输入输出接口是 PLC 与工业控制现场各类信号连接的部分。输入接口用来接收生产过程的各种参数（输入信号）。输出接口用来送出 PLC 运算后得出的控制信息（输出信号），并通过机外的执行机构完成工业现场的各类控制。

为了适应 PLC 在工业生产现场的工作，对输入输出接口有两个主要的要求：良好的抗干扰能力；能满足工业现场各类信号的匹配要求。

各种 PLC 的输入接口电路大都相同，通常有三种类型：一种是直流（12～24V）输入，另一种是交流（100～120V，200～240V）输入，第三种是交直流（12～24V）输入。外界输入器件可以是无源触点或者有源传感器的集电极开路的晶体管，这些外部输入器件是通过 PLC 输入端子与 PLC 相连的。

PLC 输入接口电路由光电耦合器隔离，并设有 RC 滤波器，可以消除输入触点的抖动和外部噪声干扰。当输入开关闭合时，一次电路中流过电流，输入指示灯亮，光电耦合器被激励，三极管从截止状态变为饱和导通状态，这是一个数据输入过程。图 1-1-3 是一个直流输入端内部接线图。

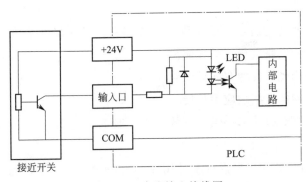

图 1-1-3　直流输入接线图

PLC 的输出接口电路有三种形式：继电器输出、晶体管输出、晶闸管输出。图 1-1-4～图 1-1-6 给出了 PLC 的输出电路图。其中继电器输出型最常用，当 CPU 有输出时，接通或断开输出电路中继电器的线圈，继电器的接点闭合或断开，通过该接点控制外部负载电路的通断。很显然，继电器输出利用继电器的接点和线圈将 PLC 的内部电路与外部负载进行了

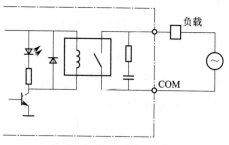

图 1-1-4　继电器输出电路

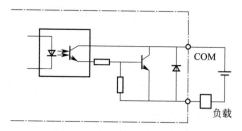

图 1-1-5　晶体管输出电路

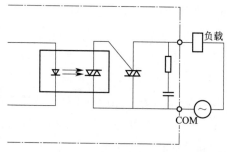

图 1-1-6　晶闸管输出电路

电气隔离。

晶体管输出型是通过光耦合使晶体管截止或饱和，以控制外部负载电路，同时对 PLC 内部电路和输出晶体管电路进行了电气隔离。

晶闸管输出型采用光触发型双向晶闸管。

三种输出形式以继电器型响应为最慢。

输出电路的负载电源由外部提供。负载电流一般不超过 2A。实际应用中，输出电流额定值与负载性质有关。

通常 PLC 的制造厂商为用户提供多种用途的 I/O 单元。I/O 单元从数据类型上看，分开关量和模拟量单元；从电压等级上看，分直流和交流单元；从速度上看，分低速和高速单元；从点数上看，有多种类型单元；从距离上看，可分为本地 I/O 和远程 I/O 单元，远程 I/O 单元通过电缆与 CPU 单元连接，可放在距 CPU 单元数百米远的地方。

（4）电源

PLC 的电源包括为 PLC 各工作单元供电的电源和为掉电保护电路供电的后备电源。中大型 PLC 都有专门的电源模块，小型的 PLC 电源往往和 CPU 合为一体。各种 PLC 的电源种类和容量往往是不同的，用户使用和维修时应该注意这一点。

（5）编程器

编程器是 PLC 最重要的外围设备，分为简易型和智能型。小型 PLC 常使用简易型编程器，大中型 PLC 多用智能型。

编程器的工作方式有两种：编程工作方式和监控工作方式。编程工作方式的主要功能是输入新的控制程序，或者对已有的程序进行编辑。程序的输入可以采用图形形式输入或者将指令逐条输入。对已有程序的编辑是利用编辑键对要修改的内容进行增添、更改、插入或删除等。

监控工作方式是对运行中的 PLC 的工作状态进行监视和跟踪。一般可以对某一线圈或触点的工作状态进行监视，也可以对成组的工作状态进行监视。当然还可以跟踪某一器件在不同时间的工作状态。利用监控器除搜索、监视、跟踪外，还可以对一些器件进行操作。编程器的监控工作方式对 PLC 中新输入程序的调试与试运行是非常有用和方便的。

以上是 PLC 的主要组成部分，除此之外，PLC 还包括通信接口、智能输入输出接口等。通过通信接口，可实现"人—机—过程"或"机—机"对话，将 PLC 与打印机和监视器相连，将过程信息、系统参数等输出打印或将过程图像显示出来，并可组成多级控制系统。

PLC 的总线多为基板形式，无论电源模板、CPU 模板、输入输出模板，都可插入基板上的相应位置，基板上各相应位置之间通过印刷电路板实现电气连接。

2. 认识 PLC 软件

PLC 软件包含系统软件及应用软件两大部分。系统软件主要由系统程序、用户指令解释程序、专用标准程序模块组成。系统程序是由 PLC 制造厂商设计编写的，并存入 PLC 的系统存储器中，用户不能直接读写与更改。系统程序一般包括系统诊断程序、输入处理程序、编译程序、信息传送程序、监控程序等，用于运行管理、存储空间分配管理和系统的自检，控制整个系统的运行。

用户指令解释程序把输入的应用程序（梯形图）翻译成机器能够识别的机器语言；

专用标准程序模块是由许多独立的程序块组成，各自能完成不同的功能。

应用软件主要是用户利用 PLC 的编程语言，根据控制要求编制的程序。在 PLC 的应用中，最重要的是用 PLC 的编程语言来编写用户程序，以实现控制目的。由于 PLC 是专门为工业控制而开发的装置，其主要使用者是广大电气技术人员，为了适应他们的传统习惯和实际能力，PLC 的主要编程语言采用比计算机语言相对简单、易懂、形象的专用语言。

PLC 编程语言是多种多样的，但基本上可归纳为两种类型：一是采用字符表达方式的编程语言，如语句表等；二是采用图形符号表达方式编程语言，如梯形图等，见图 1-1-7。随着 PLC 技术的发展及性能的提高，越来越多的 PLC 还支持高级的编程语言，如 C 语言等。

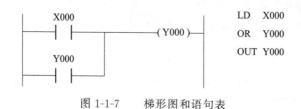

图 1-1-7   梯形图和语句表

另外，在个人计算机上还可安装以下与 PLC 系统相关的软件：

① 编程软件，例如三菱 SWOPC-FXGP/WIN-C 编程软件；

② 文件编制软件，用来在梯形图上添加注释；

③ 数据采集和分析软件，用来从 PLC 上采集并处理数据；

④ 实时操作接口软件，用来提供实时操作的人-机接口；

⑤ 仿真软件，用来对工厂生产过程进行系统仿真；

⑥ 网络智能管理软件。

3. 认识 PLC 的工作原理

（1）PLC 的工作过程

PLC 采用循环扫描的工作方式，其工作过程主要分为输入采样、程序执行、输出刷新，一直循环扫描工作，见图 1-1-8。

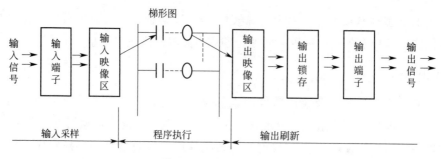

图 1-1-8   PLC 工作过程

程序执行之前，现场全部有关信息被采集到 PLC 中，存放在系统准备好的区域——随机存储器 RAM 的某一地址区，称为输入映像区。执行用户程序所需现场信息都在输入映像区取用，而不是直接到外设去取，虽然从理论上每个信息被采集的时间有先后差异，但它已很小，因此可以认为采集到的信息是同时的。同样，对被控制对象的控制信息，也不采用形成一个就去输出一个的控制方法，而是先把它们存放在随机存储器 RAM 的某特定区域，称之为输出映像区，当用户程序执行结束后，所存的控制信息集中输出，改变被控对象的状态。上述输入映像区、输出映像区统称 I/O（输入/输出）映像区。映像区的大小随系统的输入、输出信息多少，即输入、输出点数而定。

PLC 的工作原理可以简单地表述为在系统程序的管理下，通过运行应用程序完成用户任务。用户程序的完成可分为以下三个阶段。

① 输入处理阶段   PLC 以扫描方式按顺序将所有输入端的输入信号状态（开或关，即

ON 或 OFF，"1" 或 "0"）读入到输入映像寄存器中寄存起来，称为对输入信号的采样，或称输入刷新。接着转入程序执行阶段。

② 程序执行阶段　程序执行阶段，PLC 对程序按顺序进行扫描。对于用梯形图表编写的程序，则总是按先左后右、先上后下的顺序进行扫描。使用指令语句编写的程序，则按指令编写的先后顺序依次扫描执行。

每扫描到一条指令时，所需要的输入元件状态或其它元件的状态分别由输入映像寄存器和元件映像寄存器中读出，而将执行结果写入到元件映像寄存器中。

元件映像寄存器中寄存的内容，随程序执行的进程而动态变化。

在程序执行期间，即使输入状态变化，输入映像寄存器的内容也不会改变。输入状态的变化只能在下一个工作周期的输入采样阶段才被重新读入。

③ 输出处理阶段　程序执行完后，进入输出刷新阶段。此时，将元件映像寄存器中所有输出继电器的状态转存到输出锁存寄存器，再去驱动用户输出设备（负载），这就是 PLC 的实际输出。

PLC 重复执行上述三个过程，每重复一次的时间就是一个工作周期（或扫描周期）。工作周期的长短与程序的长短、指令的种类和 CPU 执行的速度有关。一个扫描过程中，执行指令程序的时间占了绝大部分。

PLC 在每次扫描中，对输入信号采样一次，对输出信号刷新一次，这就保证了 PLC 在执行程序阶段，输入映像寄存器和输出锁存寄存器的内容或数据保持不变。

扫描工作方式的特点：

① 简单直观，简化了程序的设计，并为 PLC 的可靠运行提供了保证；

② 所扫描到的指令被执行后，其结果马上就可以被将要扫描到的指令所利用；

③ 系统监视定时器 WDT 可监视每次扫描的时间，并在每个扫描周期内都要对 WDT 进行复位操作。如果系统的硬件或用户软件发生了故障，WDT 就会超时自动报警，并停止 PLC 的运行，从而避免了程序进入死循环的故障。

（2）PLC 输入输出的处理规则

输入映像寄存器的数据更新由输入端子在输入采样阶段所刷新的状态确定。

输出映像寄存器的状态由程序中输出指令的执行结果决定。

输出锁存寄存器中的数据由上一个工作周期输出刷新阶段存入到输出锁存电路中的数据来确定。

输出端子的输出状态由输出锁存寄存器中的数据来确定。

程序执行中所需的输入输出状态（数据）从输入映像寄存器或输出映像寄存器中读出。

（3）输入输出刷新方式

一般来说，输入刷新是在输入采样阶段进行，输出刷新是在输出采样阶段进行。有的 PLC 输入刷新除了在输入采样阶段进行外，在程序执行阶段每隔一定时间还要刷新一次。同样，输出刷新除了在输出处理阶段进行外，在程序执行阶段，凡是程序中有输出指令的地方，该指令执行后又立即进行一次输出刷新，这种形式的 PLC 尤其适合于输入输出要求快速响应的场合。

（4）输入输出滞后时间

输入输出滞后时间又称为系统响应时间，是指从 PLC 外部输入信号发生变化的时刻起至它所控制的有关外部输出信号发生变化的时刻止之间的时间间隔。

输入输出滞后时间由输入电路的滤波时间、输出模块的滞后时间和因扫描工作方式产生的滞后时间三部分所组成。

输入模块的 RC 滤波电路用来滤除由输入端引起的干扰噪声，消除外接输入触点动作时产生的抖动引起的不良影响。滤波时间常数决定了输入滤波时间的长短，其典型值为 10ms 左右。

输出模块的滞后时间与模块开关元件的类型有关。继电器型输出电路的滞后时间一般最大值在 10ms 左右；双向晶闸管型输出电路在负载被接通时的滞后时间约为 1ms，负载由导通到断开时的最大滞后时间为 10ms。晶体管型输出电路的滞后时间一般在 1ms 左右。

4. 认识 FX2N-48MR 型 PLC 面板

FX2N-48MR 型 PLC 的面板组成如图 1-1-9 所示，由三部分组成：外部接线端子、信号指示部分及接口部分。

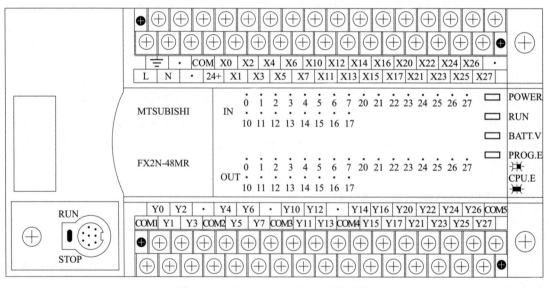

图 1-1-9　FX2N-48MR 型 PLC 的面板

（1）外部接线端子

外部接线端子包括 PLC 的交流电源接线端子 L、N，直流电源接线端子 24＋、COM，机器接地端子 PE（用于 PLC 的接地保护），输入接线端子 X 和输出接线端子 Y。PLC 采用的交流电源额定电压为 100～240V，直流电源电压为 24V。

PLC 的输入端子 X 和输出端子 Y 位于机器两侧的端子板上，每个端子均有对应的编号，如 X0、X1、X2…Y0、Y1、Y2 等。FX2N 小型 PLC 的输入输出端子编号采用八进制。输入输出端子的作用是将输入输出设备与 PLC 进行连接，以从现场通过输入设备得到信息，将控制命令通过输出设备送到现场，实现自动控制的目的。

（2）信号指示部分

① 输入/输出点状态指示。在 IN 区有 24 个输入指示灯，编号为 0～7、10～17、20～27。在 OUT 区有 24 个输出指示灯，编号为 0～7、10～17、20～27。当某输入点或输出点有信号输入或输出时，该点的指示灯点亮。

② 机器电源指示（POWER）。PLC 主机通电时，POWER 指示灯点亮。

③ 机器运行状态指示（RUN）。PLC 在运行程序时，RUN 指示灯点亮。

④ 用户程序存储器后备电池指示（BATT. V）。当用户程序存储器后备电池电压不足时，BATT. V 指示灯点亮。

⑤ 程序出错或 CPU 出错指示（PROG. E，CPU. E）。当 PLC 的程序出错或 CPU 出错时，PROG-E、CPU-E 指示灯闪烁。

（3）接口部分

接口部分主要包括编程器接口、存储器接口、扩展接口，其作用是完成基本单元与编程器、外部存储器、扩展单元的连接。

在机器面板上设置有一个 PLC 运行模式转换开关 SW（RUN/STOP），RUN 为机器运行状态（RUN 指示灯亮），STOP 为机器停止状态（RUN 指示灯灭）。当机器处于 STOP 状态时，可进行用户程序的输入、编辑和修改。

任务二　认识 PLC 编程元件

【学习目标】

① 掌握 PLC 的 FX2N 系列 PLC 的编程元件分类和编号。

② 掌握 PLC 的 FX2N 系列 PLC 的编程元件的基本特征。

③ 掌握 PLC 的 FX2N 系列 PLC 的编程元件含义，点数，功能和使用方法。

【任务导入】

PLC 是采用软件编制程序来实现控制要求的。编程时也要使用到各种编程元件，这些编程元就相当于继电器控制电路里的各种电器。编程元件包括输入寄存器、输出寄存器、位存储器、定时器、计数器、通用寄存器、数据寄存器及特殊功能存储器等。这些编程元件具体的功能是什么？编程中如何使用这些元件？

【相关知识】

PLC 内部存储器的每一个存储单元均称为元件，各个元件与 PLC 的监控程序、用户的应用程序合作，会产生或模拟出不同的功能。当元件产生的是继电器功能时，称这类元件为软继电器，简称继电器，它不是物理意义上的实物器件，而是一定的存储单元与程序结合的产物，后面介绍的各类继电器、定时器、计数器都指此类软元件。我们在使用 PLC 时，首先要熟悉相关的操作手册，熟悉其编程元件。例如本项目介绍 FX2N 系列 PLC，就需要在使用前查阅此系列 PLC 的操作手册。

【任务实施】

1. 认识输入继电器（X）

输入继电器如图 1-2-1 所示，是 PLC 中用来专门存储系统输入信号的内部虚拟继电器，又称为输入的映像区，它可以有无数个动合触点和动断触点，在 PLC 编程中可以随意使用。这类继电器的状态不能用程序驱动，只能用输入信号驱动。FX 系列 PLC 的输入继电器采用八进制编号。FX2N 系列 PLC 带扩展时，输入继电器最多可达 184 点。

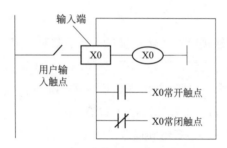

图 1-2-1　输入继电器示意图

外部触点接通时对应的寄存器为"1"状态，常开触点闭合，常闭触点断开；外部触点断开时对应的寄存器为"0"状态，常开触点断开，常闭触点闭合。输入继电器没有线圈，状态取决于外部输入信号的状态。

2. 认识输出继电器（Y）

输出继电器是 PLC 专门用来将运算结果信号经输出接口电路及输出端子送达并控制外部负载的虚拟继电器，如图 1-2-2 所示。它在 PLC 内部直接与输出接口电路相连，它有无数个动合触点与动断触点，这些动合与动断触点可在 PLC 编程时随意使用。外部信号无法直接驱动输出继电器，它只能用程序驱动。FX 系列 PLC 的输出继电器采用八进制编号。FX2N 系列 PLC 带扩展时，输出继电器最多可达 184 点，其编号为 Y0～Y267。

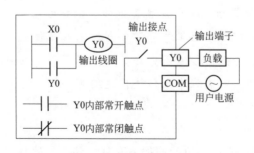

图 1-2-2　输出继电器示意图

3. 认识内部辅助继电器 (M)

PLC 内有很多辅助继电器。辅助继电器的线圈与输出继电器一样，由 PLC 内各软元件的触点驱动。辅助继电器的动合和动断触点使用次数不限，在 PLC 内可以自由使用。但是，这些触点不能直接驱动外部负载，外部负载的驱动必须由输出继电器执行。在逻辑运算中经常需要一些中间继电器作为辅助运算用。这些元件不直接对外输入、输出，但经常用于状态暂存、移位运算等。它的数量比软元件 X、Y 多。内部辅助继电器中还有一类特殊辅助继电器，它有各种特殊功能，如定时时钟、进/借位标志、启动/停止、单步运行、通信状态、出错标志等。FX2N 系列 PLC 的辅助继电器按照其功能分成以下三类。

① 通用辅助继电器 M0～M499 (500 点)　通用辅助继电器元件是按十进制进行编号的，FX2N 系列 PLC 有 500 点，其编号为 M0～M499。

② 断电保持辅助继电器 M500～M1023 (524 点)　PLC 在运行中若发生断电，输出继电器和通用辅助继电器全部成断开状态，再运行时，除去 PLC 运行时就接通的以外，其它都断开。但是，根据不同控制对象要求，有些控制对象需要保持断电前的状态，并能在再运行时再现断电前的状态情形，断电保持辅助继电器完成此功能，断电保持由 PLC 内装的后备电池支持。

③ 特殊辅助继电器 M8000～M8255 (256 点) 这些特殊辅助继电器各自具有特殊的功能，一般分成两大类：一类是只能利用其触点，其线圈由 PLC 自动驱动，例如 M8000 (运行监视)、M8002 (初始脉冲)、M8013 (1s 时钟脉冲)；另一类是可驱动线圈型的特殊辅助继电器，用户驱动其线圈后，PLC 做特定的动作，例如 M8033 (PLC 停止时输出保持)、M8034 (禁止全部输出)、M8039 (定时扫描)。

4. 认识内部状态继电器 (S)

状态继电器是 PLC 在顺序控制系统中实现控制的重要内部元件，它与后面介绍的步进顺序控制指令 STL 组合使用，运用顺序功能图编制高效易懂的程序。状态继电器与辅助继电器一样，有无数的动合触点和动断触点，在顺控程序内可任意使用。状态继电器分成五类，编号如下：

- 初始状态：S0～S9；
- 回零：S10～S19；
- 通用：S20～S499；
- 保持：S500～S899；
- 报警：S900～S999。

5. 认识定时器 (T)

定时器作为时间元件，相当于时间继电器，由设定值寄存器、当前值寄存器和定时器触点组成。在其当前值寄存器的值等于设定值寄存器的值时，定时器触点动作。设定值、当前值和定时器触点是定时器的三要素。当达到设定值时，输出接点动作。定时器可以使用程序存储器内的常数 K 作为设定值，也可以用数据寄存器 D 的内容作为设定值，这里的数据寄存器应有断电保持功能。定时器可分为常规定时器 (T0～T245) 和积算定时器 (T246～

T255）。常规定时器的动作过程如图 1-2-3 所示。

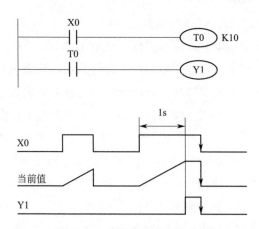

图 1-2-3　常规定时器动作过程

1ms 积算定时器包括 T246～T249 四个，每个设定值范围 0.001～32.767s；100ms 积算定时器包括 T250～T255 六个，每个设定值范围 0.1～3276.7s。如图 1-2-4 所示，当定时器线圈 T250 的驱动输入 X1 接通时，T250 用当前值计数器累计 100ms 的时钟脉冲个数，当该值与设定值 K10 相等时，定时器的输出接点输出。当计数中间驱动输入 X0 断开或停电时，当前值可保持。输入 X1 再接通或复电时，计数继续进行，当累计时间为 $10 \times 0.1s =$ 1s 时，输出接点动作。当复位输入 X1 接通时，计数器就复位，输出接点也复位。

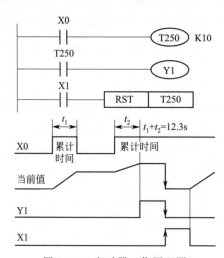

图 1-2-4　定时器工作原理图

定时器接点动作时序如图 1-2-5 所示。定时器在其线圈被驱动后开始计时，到达设定值后，在执行第一个线圈指令时，其输出接点动作。

6. 认识计数器（C）

PLC 的计数器共有两种：内部信号计数器和高速计数器。内部信号计数器又分为两种：16 位递加计数器和 32 位增减计数器。

16 位递加计数器设定值 1～32767。其中，C0～C99 是通用型，C100～C199 是断电保

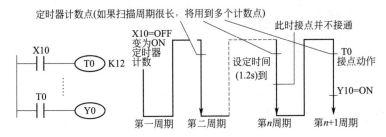

图 1-2-5 定时器接点动作时序图

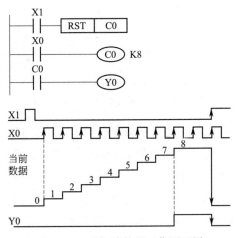

图 1-2-6 递加计数器工作原理图

持型。图 1-2-6 表示了递加计数器的动作原理。

32 位增减计数器设定值－2147483648～＋2147483647，其中 C200～C219 是通用型，C220～C234 为断电保持型计数器。计数器是递加型还是递减型计数由特殊辅助继电器 M8200～M8234 设定。特殊辅助继电器接通（置 1）时为递减计数，特殊辅助继电器断开（置 0）时为递加计数，可直接用常数 K 或间接用数据寄存器 D 的内容作为设定值。间接设定时，要用器件号紧连在一起的两个数据寄存器。如图 1-2-7 所示，用 X14 作为计数输入，驱动 C200 计数器线圈进行计数操作。当计数器的当前值由－4 到－3（增大）时，其接点接通（置 1）；当计数器的当前值由－3 到－4（减小）时，其接点断开（置 0）。

7. 认识数据寄存器（D）

PLC 用于模拟量控制、位置控制、数据 I/O 时，需要许多数据寄存器存储参数及工作数据，这类寄存器的数量随着机型不同而不同。

每个数据寄存器都是 16 位，其中最高位为符号位，可以用两个数据寄存器合并起来存放 32 位数据（最高位为符号位）。

通用数据寄存器 D0～D199：只要不写入数据，则数据将不会变化，直到再次写入。这类寄存器内的数据，一旦 PLC 状态由运行（RUN）转成停止（STOP），全部数据均清零。

停电保持数据寄存器 D200～D7999：除非改写，否则数据不会变化。即使 PLC 状态变化或断电，数据仍可以保持。

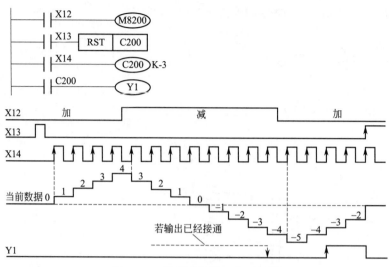

图 1-2-7　增减计数器工作原理图

特殊数据寄存器 D8000～D8255：这类数据寄存器用于监视 PLC 内各种元件的运行方式用，其内容在电源接通（ON）时，写入初始化值（全部清零，然后由系统 ROM 安排写入初始值）。

文件寄存器 D1000～D7999：文件寄存器实际上是一类专用数据寄存器，用于存储大量的数据，例如采集数据、统计计算器数据、多组控制参数等。其数量由 CPU 的监视软件决定。在 PLC 运行中，用 BMOV 指令可以将文件寄存器中的数据读到通用数据寄存器中，但不能用指令将数据写入文件寄存器。

8. 认识内部指针（P，I）

内部指针是 PLC 在执行程序时用来改变执行流向的元件，它有分支指令专用指针 P 和中断用指针 I 两类。

分支指令专用指针 P0～P63，分支指令专用指针在应用时，要与相应的应用指令 CJ、CALL、FEND、SRET 及 END 配合使用，P63 为结束跳转使用。

中断用指针 I 是应用指令 IRET 中断返回、EI 开中断、DI 关中断配合使用的指针。

9. 认识变址寄存器（V/Z）

变址寄存器的作用类似于一般微处理器中的变址寄存器（如 Z80 中的 IX、IY），通常用于修改元件的编号。V0～V7、Z0～Z7 为 16 位变址数据寄存器。进行 32 位运算时，与指定 Z0～Z7 的 V0～V7 组合，分别成为（V0，Z0）、（V1，Z1）…（V7，Z7）。

任务三　认识 FX2N 系列 PLC 基本指令

【学习目标】

① 掌握 FX 系列 PLC 的基本指令的指令功能、指令格式及其操作元件。

② 掌握 FX 系列 PLC 的基本指令的程序步及其注意事项。

【任务导入】

图 1-3-1 和图 1-3-2 所示程序中，用到了 PLC 编程语言的一些基本指令。PLC 是如何通过这些基本指令来实现自动控制的呢？

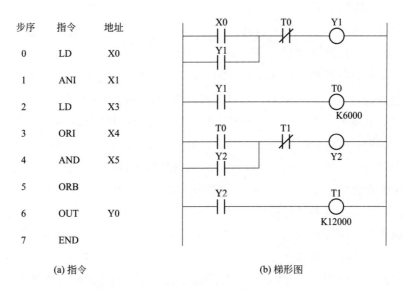

图 1-3-1　示例程序一

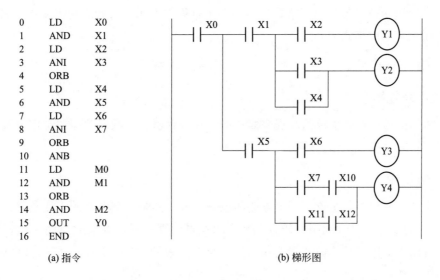

图 1-3-2　示例程序二

【相关知识】

PLC 编程语言有如下几种。

1. 梯形图

梯形图是一种以图形符号及图形符号在图中的相互关系表示控制关系的编程语言，是从继电接触器控制电路演变过来的。

在梯形图中，每个梯形图网络由多个梯级组成，每个输出元素可构成一个梯级，每个梯级可由多个支路组成，每个支路可容纳 11 个编程元素，最右边的元素必须是输出元素。每个网络至多允许 16 条支路。

梯形图中的继电器不是物理继电器，继电器的输入触点均为存储器中的一位，相应位为"1"时表示继电器线圈通电或常开触点闭合或常闭触点断开。

梯形图中每个继电器是映像寄存器中的一位。用户程序运行时，输入触点和输出线圈的状态是从 I/O 映像寄存器中读取的，不是运算时现场开关的实际状态。

梯形图中的电流不是物理电流，而是逻辑电流，且只能从左向右流动（与电路图不同）。

梯形图中的接点可以无限次引用。可认为继电器有无限多个常开触点和常闭触点。

梯形图中的用户逻辑运算结果可立即为后面用户程序的运算利用。

梯形图中的输入继电器供 PLC 接收外部信号，因此，在梯形图中只出现输入继电器的触点，而不出现输入继电器的线圈。

输出线圈供 PLC 作输出控制用，但它不能直接驱动现场机构，必须通过开关量输出模块对应的输出开关去驱动外部负载。

当 PLC 处于运行状态时，PLC 对梯形图是按扫描方式顺序执行程序的。

2. 命令语句

PLC 命令语句是一种与汇编语言类似的助记符编程方式，又名语句表或指令表。

PLC 命令语句的格式为：

操作码　操作数　参数

3. 顺序功能图

顺序功能图是按控制系统的流程来表达的一种编程语言。顺序功能图常用来编制顺序控制类程序，它包含步、动作、转换三个要素。

4. 功能块图

功能块图是一种类似于数字逻辑电路的编程语言，熟悉数字电路的人比较容易掌握。该编程语言用类似"与门""或门"的方框来表示逻辑运算关系，方框的左侧为逻辑运算的输入变量，右侧为输出变量，输入端、输出端的小圆点表示"非"运算，信号自左向右流动。就像电路图一样，它们被"导线"连接在一起，如图 1-3-3 所示。

5. 结构文本

随着 PLC 技术的飞速发展，为了增强 PLC 的数学运算、数据处理、图表显示、报表打印等功能，方便用户使用，许多大中型 PLC 都配备了 PASCAL、BASIC、C 等高级编程语言编译器，可采用结构文本式编程。与梯形图相比，结构文本有两个很大的优点，其一是能

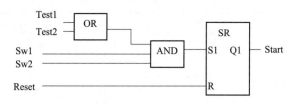

图 1-3-3　功能块图

实现复杂的数学运算，其二是非常简洁和紧凑。用结构文本编制极其复杂的数学运算程序，程序文本可能只占一页纸；结构文本用来编制逻辑运算程序也很容易。

【任务实施】

FX2N 系列 PLC 共有 27 条基本指令，供设计者编制语句表使用，它与梯形图有严格的对应关系。本任务中，我们将逐一认识这些指令，以便将来利用这些指令进行编程。

1. 输入输出指令（LD，LDI，OUT）

下面把 LD、LDI、OUT 三条指令的功能、梯形图表示形式、操作元件以列表的形式加以说明，见表 1-3-1。

表 1-3-1　输入输出指令

符号	功能	梯形图表示	操作元件
LD（取）	常开触点与母线相连	⊢⊢	X,Y,M,T,C,S
LDI（取反）	常闭触点与母线相连	⊢⊬	
OUT（输出）	线圈驱动	⊢○	Y,M,T,C,S,F

LD 与 LDI 指令用于与母线相连的接点，此外还可用于分支电路的起点。

OUT 指令是线圈的驱动指令，可用于输出继电器、辅助继电器、定时器、计数器、状态寄存器等，但不能用于输入继电器。输出指令用于并行输出，能连续使用多次。见图 1-3-4。

地址	指令	数据
0000	LD	X000
0001	OUT	Y000

图 1-3-4　OUT 指令

2. 触点串联指令（AND，ANDI）和并联指令（OR，ORI）

触点串联指令（AND，ANDI）和并联指令（OR，ORI）见表 1-3-2。

表 1-3-2　触点串联和并联指令

符号(名称)	功　能	梯形图表示	操作元件
AND(与)	常开触点串联连接		
ANDI(与非)	常闭触点串联连接		X,Y,M,T,C,S
OR(或)	常开触点并联连接		
ORI（或非）	常闭触点并联连接		

　　AND、ANDI 指令用于一个触点的串联，但串联触点的数量不限，这两个指令可连续使用。OR、ORI 是用于一个触点的并联连接指令。应用见图 1-3-5。

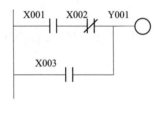

图 1-3-5　指令应用

3. 电路块并联和串联指令（ORB，ANB）

　　由两个以上触点串联连接的电路称为串联电路块；串联电路块并联连接时，支路的起点以 LD 或 LDNOT 指令开始，而支路的终点要用 ORB 指令。ORB 指令是一种独立指令，其后不带操作元件号，因此，ORB 指令不表示触点，可以看成电路块之间的一段连接线。如需要将多个电路块并联连接，应在每个并联电路块之后使用一个 ORB 指令，用这种方法编程时并联电路块的个数没有限制；也可将所有要并联的电路块依次写出，然后在这些电路块的末尾集中写出 ORB 的指令，但这时 ORB 指令最多使用 7 次。

　　将分支电路（并联电路块）与前面的电路串联连接时使用 ANB 指令，各并联电路块的起点，使用 LD 或 LDI 指令；与 ORB 指令一样，ANB 指令也不带操作元件，如需要将多个电路块串联连接，应在每个串联电路块之后使用一个 ANB 指令，用这种方法编程时串联电路块的个数没有限制，若集中使用 ANB 指令，最多使用 7 次。

　　图 1-3-6 所示为电路块并联和串联指令使用示例。

4. 分支多重输出指令（MPS，MRD，MPP）

　　MPS 指令用来将逻辑运算结果存入栈存储器；MRD 指令读出栈存储器结果，MPP 指令用来取出栈存储器结果并清除。

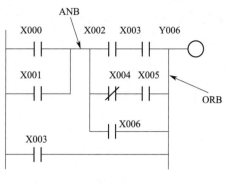

地址	指令	数据
0000	LD	X000
0001	OR	X001
0002	LD	X002
0003	AND	X003
0004	LDI	X004
0005	AND	X005
0006	OR	X006
0007	ORB	
0008	ANB	
0009	OR	X003
0010	OUT	Y006

图 1-3-6　电路块并联和串联指令使用示例

FX2N 系列 PLC 有 11 个栈存储器。用来存放运算结果的存储区域称为堆栈。MPS 指令将每一时刻的运算结果送入堆栈的第一段，而将原来存储的数据移到堆栈的下一段。如图 1-3-7 所示。

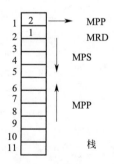

图 1-3-7　堆栈操作示意图

MRD 只用来读出堆栈最上段的最新数据，此时堆栈内的数据不移动。

使用 MPP 指令，各数据向上一段移动，最上段的数据被读出，同时这个数据就从堆栈中清除。

例如图 1-3-8 所示 PLC 程序中，当公共条件 X0 闭合时，X1 闭合则 Y0 接通，X2 接通则 Y1 接通；X3 接通则 Y3 接通。

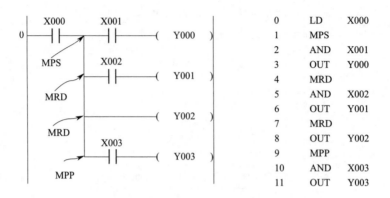

图 1-3-8　分支多重输出指令示例程序 1

注意：

● MPS、MRD、MPP 无操作软元件；

● MPS、MPP 指令可以重复使用，但是连续使用不能超过 11 次，且两者必须成对使用，缺一不可，MRD 指令有时可以不用；

● MRD 指令可多次使用，但在打印等方面有 24 行限制；

● 最终输出电路以 MPP 代替 MRD 指令，读出存储并复位清零；

● MPS、MRD、MPP 指令之后若有单个常开或常闭触点串联，则应该使用 AND 或 ANI 指令；

● MPS、MRD、MPP 指令之后若存在由触点组成的串联电路块，则应该使用 ANB 指令；

● MPS、MRD、MPP 指令之后若无触点串联，直接驱动线圈，则应该使用 OUT 指令。

图 1-3-9～图 1-3-11 所示为分支多重输出指令示例程序。

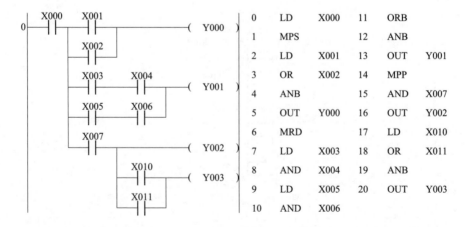

图 1-3-9　分支多重输出指令示例程序 2

0							
0	LD	X000	14	LD	X006		
1	AND	X001	15	MPS			
2	MPS		16	AND	X007		
3	AND	X002	17	OUT	Y004		
4	OUT	Y000	18	MRD			
5	MPP		19	ANI	X010		
6	OUT	Y001	20	OUT	Y005		
7	LD	X003	21	MRD			
8	MPS		22	AND	X011		
9	AND	X004	23	OUT	Y006		
10	OUT	Y002	24	MPP			
11	MPP		25	AND	X012		
12	AND	X005	26	OUT	Y007		
13	OUT	Y003					

图 1-3-10　分支多重输出指令示例程序（单层堆栈）

0	LD	X000	9	MPP	
1	MPS		10	AND	X004
2	AND	X001	11	MPS	
3	MPS		12	AND	Y005
4	AND	X002	13	OUT	Y002
5	OUT	Y000	14	MPP	
6	MPP		15	AND	X006
7	AND	X003	16	OUT	Y003
8	OUT	Y001			

图 1-3-11　分支多重输出指令示例程序（双层堆栈）

5. 主控指令（MC，MCR）

在程序中常常会有这样的情况：多个线圈受一个或多个触点控制，要是在每个线圈的控制电路中都串入同样的触点，将占用多个存储单元。应用主控指令就可以解决这一问题，见图 1-3-12。

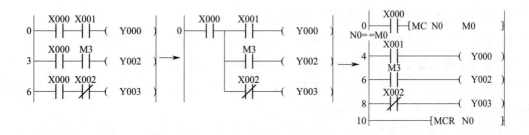

图 1-3-12　主控指令示例程序

例如在图 1-3-13 中，当 X0 接通时，执行主控指令 MC 到 MCR 之间的程序；MC 至

25

MCR 之间的程序只有在 X0 接通后才能执行。

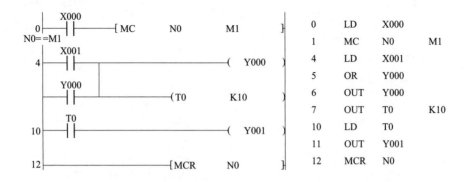

图 1-3-13   示例程序

MC 指令的操作元件可以是继电器 Y 或辅助继电器 M（特殊继电器除外）。

MC 指令后必须用 MCR 指令使临时左母线返回原来位置。

MC/MCR 指令可以嵌套使用，即 MC 指令内可以再使用 MC 指令，但是必须使嵌套级编号从 N0 到 N7 顺序增加，不能颠倒；主控返回则嵌套级标号必须从大到小，即按 N7 到 N0 的顺序返回，最后一定是 MCR N0 指令；

图 1-3-14 所示为无嵌套程序。

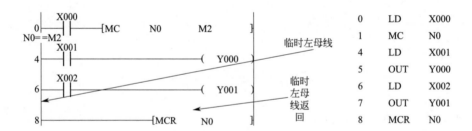

图 1-3-14   无嵌套程序

图 1-3-15 和图 1-3-16 所示为嵌套程序。

6. 置 1 指令（SET）、复 0 指令（RST）

SET 指令称为置 1 指令，功能为驱动线圈输出，使动作保持，具有自锁功能。

RST 指令称为复 0 指令，功能为清除保持的动作，以及寄存器的清零。

应用示例见图 1-3-17，当 X0 接通时，Y0 接通并自保持接通；当 X1 接通时，Y0 清除保持，此时 X1 即使断开，Y0 也不接通。

用 SET 指令使软元件接通后，必须要用 RST 指令才能使其断开，如果二者对同一软元件操作的执行条件同时满足，则复 0 优先。

对数据寄存器 D、变址寄存器 V 和 Z 的内容清零时，也可使用 RST 指令。

积算定时器 T63 的当前值复 0 和触点复位也可用 RST。

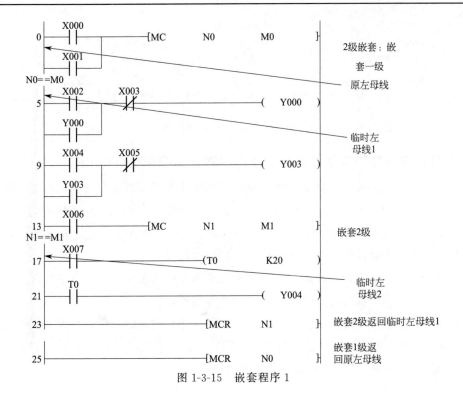

图 1-3-15　嵌套程序 1

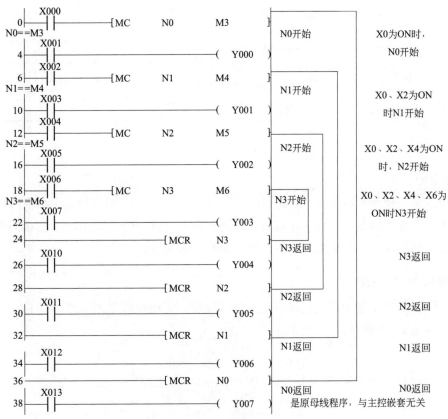

图 1-3-16　嵌套程序 2

图 1-3-17 应用示例

7. 上升沿微分脉冲指令 (PLS)、下降沿微分脉冲指令 (PLF)

脉冲微分指令主要作为信号变化的检测，即从断开到接通的上升沿和从接通到断开的下降沿信号的检测，如果条件满足，则被驱动的软元件产生一个扫描周期的脉冲信号。

PLS 指令：上升沿微分脉冲指令，当检测到逻辑关系的结果为上升沿信号时，驱动的操作软元件产生一个脉冲宽度为一个扫描周期的脉冲信号。

PLF 指令：下降沿微分脉冲指令，当检测到逻辑关系的结果为下降沿信号时，驱动的操作软元件产生一个脉冲宽度为一个扫描周期的脉冲信号。

例如图 1-3-18 所示程序，当检测到 X0 的上升沿时，PLS 的操作软元件 M0 产生一个扫描周期的脉冲，Y0 接通一个扫描周期。当检测到 X1 的上升沿时，PLF 的操作软元件 M1 产生一个扫描周期的脉冲，Y1 接通一个扫描周期。

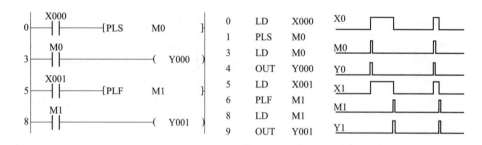

图 1-3-18 示例程序（一）

指令说明：

① PLS 指令驱动的软元件只在逻辑输入结果由 OFF 到 ON 时动作揖个扫描周期；

② PLF 指令驱动的软元件只在逻辑输入结果由 ON 到 OFF 时动作一个扫描周期；

③ 特殊辅助继电器不能作为 PLS、PLF 的操作软元件。

8. 取反指令 (INV)

INV 指令将 INV 指令之前的运算结果进行反转，无操作软元件。例如图 1-3-19 所示程序中，X0 接通，Y0 断开；X0 断开，Y0 接通。

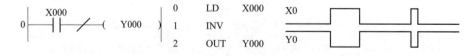

图 1-3-19 示例程序（二）

指令说明：

① 编写INV指令需要前面有输入量，INV指令不能直接与母线相连接，也不能与OR、ORI、ORP、ORF单独并联使用，如图1-3-20所示。

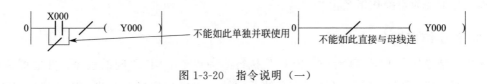

图1-3-20 指令说明（一）

② INV指令可以多次使用，只是结果只有两个：通或断。见图1-3-21。

图1-3-21 指令说明（二）

③ INV指令只对其前的逻辑关系取反。见图1-3-22。

在包含ORB指令、ANB指令的复杂电路中使用INV指令编程时，INV的取反动作如图1-3-23所示，将各个电路块开始处的LD、LDI、LDP、LDF指令以后的逻辑运算结果作为INV运算的对象。

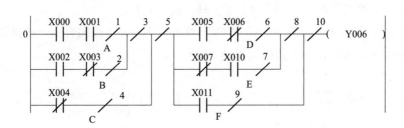

图1-3-22 指令说明（三）

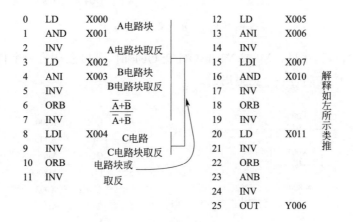

0	LD	X000	A电路块
1	AND	X001	
2	INV		A电路块取反
3	LD	X002	B电路块
4	ANI	X003	
5	INV		B电路块取反
6	ORB		$\overline{A}+\overline{B}$
7	INV		$\overline{\overline{A}+\overline{B}}$
8	LDI	X004	C电路
9	INV		C电路块取反
10	ORB		电路块或
11	INV		取反

12	LD	X005
13	ANI	X006
14	INV	
15	LDI	X007
16	AND	X010
17	INV	
18	ORB	
19	INV	
20	LD	X011
21	INV	
22	ORB	
23	ANB	
24	INV	
25	OUT	Y006

解释如左所示类推

图1-3-23 示例程序（三）

9. 空操作指令（NOP）

NOP 指令是一条无动作、无目标的程序步指令。PLC 的编程器一般都有指令的插入和删除功能，在程序中一般很少使用 NOP 指令。执行完清除用户存储器的操作后，用户存储器的内容全部变为空操作指令。

10. 程序结束指令（END）

在程序结束处写上 END 指令，PLC 只执行第一步至 END 之间的程序，并立即输出处理。若不写 END 指令，PLC 将从用户存储器的第一步执行到最后一步，因此使用 END 指令可缩短扫描周期。在调试程序时，可以将 END 指令插在各程序段之后，分段检查各程序段的动作，确认无误后，再依次删去插入的 END 指令。

11. 其他指令

LDP：上升沿检测运算开始（检测到信号的上升沿时闭合一个扫描周期）。

LDF：下降沿检测运算开始（检测到信号的下降沿时闭合一个扫描周期）。

ANDP：上升沿检测串联连接（检测到位软元件上升沿信号时闭合一个扫描周期）。

ANDF：下降沿检测串联连接（检测到位软元件下降沿信号时闭合一个扫描周期）。

ORP：脉冲上升沿检测并联连接（检测到位软元件上升沿信号时闭合一个扫描周期）。

ORF：脉冲下降沿检测并联连接（检测到位软元件下降沿信号时闭合一个扫描周期）。

上述 6 个指令的操作软元件都为 X、Y、M、S、T、C。

在图 1-3-24 所示程序里，X0 或 X1 由 OFF 变 ON 时，M1 仅闭合一个扫描周期；X2 由 OFF 变 ON 时，M2 仅闭合一个扫描周期。

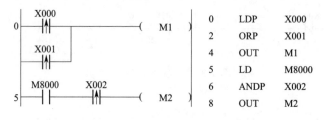

图 1-3-24　示例程序（一）

在图 1-3-25 所示程序里，X0 或 X1 由 ON 变 OFF 时，M0 仅闭合一个扫描周期；X2 由 ON 变 OFF 时，M1 仅闭合一个扫描周期。

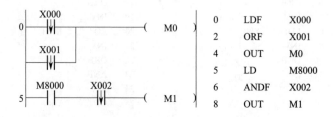

图 1-3-25　示例程序（二）

图 1-3-26～图 1-3-29 所示为采用 PLC 基本指令的一些简单程序，采用梯形图和语句表对应的方式，以方便读者分析。

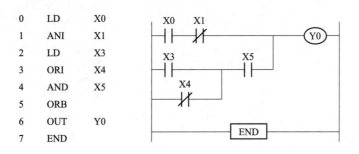

0	LD	X0
1	ANI	X1
2	LD	X3
3	ORI	X4
4	AND	X5
5	ORB	
6	OUT	Y0
7	END	

图 1-3-26　程序 1

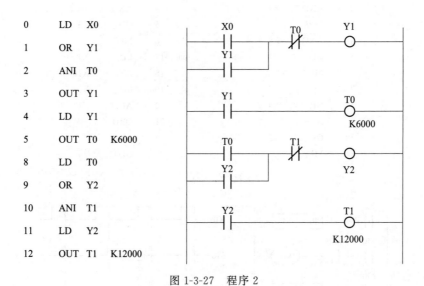

0	LD	X0
1	OR	Y1
2	ANI	T0
3	OUT	Y1
4	LD	Y1
5	OUT	T0　K6000
8	LD	T0
9	OR	Y2
10	ANI	T1
11	LD	Y2
12	OUT	T1　K12000

图 1-3-27　程序 2

0	LD	X0
1	AND	X1
2	LD	X2
3	ANI	X3
4	ORB	
5	LD	X4
6	AND	X5
7	LD	X6
8	ANI	X7
9	ORB	
10	ANB	
11	LD	M0
12	AND	M1
13	ORB	
14	AND	M2
15	OUT	Y0
16	END	

图 1-3-28　程序 3

读图 1-3-30 所示梯形图程序，分析 M0、M1、M2 和 Y0 的时序图。

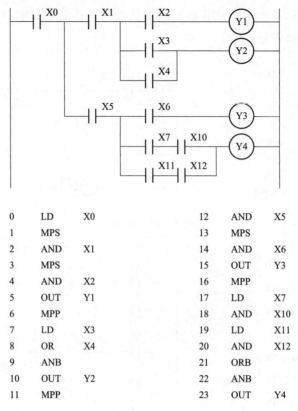

0	LD	X0	12	AND	X5
1	MPS		13	MPS	
2	AND	X1	14	AND	X6
3	MPS		15	OUT	Y3
4	AND	X2	16	MPP	
5	OUT	Y1	17	LD	X7
6	MPP		18	AND	X10
7	LD	X3	19	LD	X11
8	OR	X4	20	AND	X12
9	ANB		21	ORB	
10	OUT	Y2	22	ANB	
11	MPP		23	OUT	Y4

图 1-3-29　程序 4

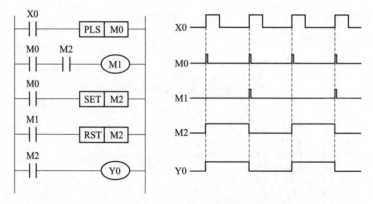

图 1-3-30　梯形图程序

任务四　GX Developer 编程软件使用

【学习目标】

①　掌握 GX Developer 编程软件运行环境及对计算机的配置要求。

②　掌握 GX Developer 编程软件的安装方法。

③ 能解决安装过程中的异常问题。

④ 掌握 GX Developer 编程软件的结构。

⑤ 掌握利用软 GX Developer 件编写梯形图程序。

【任务导入】

在电脑上安装 GX Developer 软件，用 GX 编程软件在计算机上编制图 1-4-1 所示的梯形图程序，并把程序传输到 PLC 中。

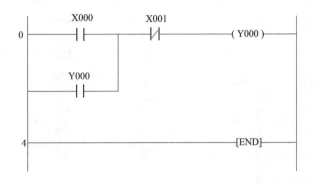

图 1-4-1　示例梯形图程序

【相关知识】

一、GX Developer 软件的安装

三菱 PLC 编程软件有好几个版本：早期的 FXGP/DOS 和 FXGP/WIN-C 及现在常用的 GPP For Windows 和最新的 GX Developer（简称 GX），实际上 GX Developer 是 GPP For Windows 升级版本，相互兼容，但 GX Developer 界面更友好，功能更强大，使用更方便。

这里介绍 GX Developer 版本，它适用于 Q 系列、QnA 系列及 FX 系列的所有 PLC，可以编写梯形图程序和状态转移图程序（全全系列），支持在线和离线编程，并具有软元件注释、声明及程序监视、测试、故障诊断、程序检查等功能，还具有突出的运行写入功能，不需要频繁操作 STOP/RUN 开关，方便程序调试。

GX Developer 编程软件简单易学，具有丰富的工具箱和直观形象的视窗界面，此外可直接设定 CC-link 及其他三菱网络的参数，能方便地实现监控、诊断、传送及程序复制、删除、打印等。

1. 安装前的准备

① 将软件安装压缩包解压到 D 盘根目录或者 C 盘根目录进行安装，太深的目录容易出错。

② 在安装程序之前，最好关闭其他应用程序，如杀毒软件、防火墙、IE、办公软

件等。

2. 通用环境的安装

① 打开软件下载解压包里的"Gx Developer"文件夹，见图 1-4-2。

图 1-4-2 "Gx Developer"文件夹

② 双击"Gx Developer"文件夹目录下的"EnvMEL"文件夹，见图 1-4-3。

图 1-4-3 "EnvMEL"文件夹

③ 双击"SETUP.EXE"图标，打开"欢迎"对话框，见图 1-4-4。

图 1-4-4　"欢迎"对话框

④ 单击"下一个"按钮，打开"信息"对话框，见图 1-4-5。

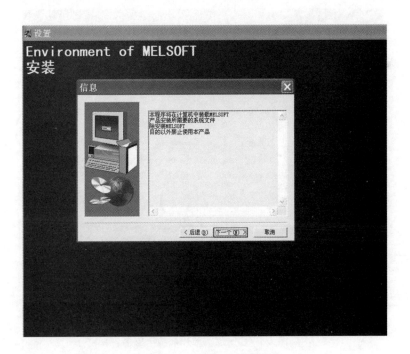

图 1-4-5　"信息"对话框

⑤ 单击"下一个"按钮，打开"设置"窗口，见图 1-4-6。

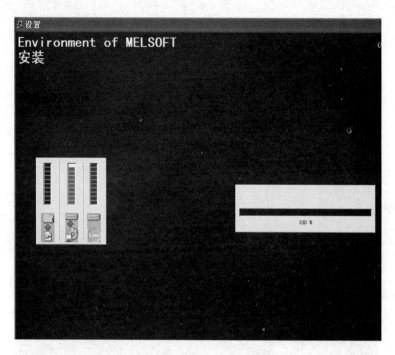

图 1-4-6　"通用环境"安装窗口

⑥ 出现"设置完成"对话框后，单击"结束"按钮，完成"通用环境"安装，见图 1-4-7。

图 1-4-7　完成"通用环境"安装

3. 编程软件的安装

① 打开"Gx Developer"文件夹，见图 1-4-8。

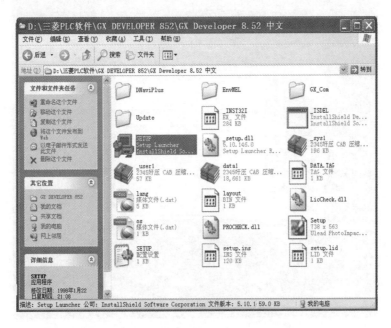

图 1-4-8　"Gx Developer"文件夹

② 双击"Gx Developer"文件夹目录下的"SETUP. EXE"图标，打开"欢迎"对话框，见图 1-4-9。

图 1-4-9　"欢迎"对话框

③ 单击 "下一个" 按钮, 打开 "用户信息" 对话框, 并填写用户信息, 见图 1-4-10。

图 1-4-10　"用户信息"对话框

④ 单击 "下一个" 按钮, 打开 "注册确认" 对话框, 见图 1-4-11。

图 1-4-11　"注册确认"对话框

⑤ 单击 "是" 按钮, 打开 "输入产品序列号" 对话框, 并输入软件安装解压包里提供

的序列号，见图 1-4-12。

图 1-4-12 "输入产品序列号"对话框

⑥ 单击"下一个"按钮，打开"选择部件"对话框，根据需要勾选安装"结构化文本（ST）语言编程功能"，见图 1-4-13。

图 1-4-13 选择"结构化文本（ST）语言编程功能"

⑦ 单击"下一个"按钮，继续"选择部件"。不能勾选安装"监视专用 Gx Developer"，

否则就只能监视不能编程，见图 1-4-14。

图 1-4-14　不选择"监视专用 Gx Developer"

⑧ 单击"下一个"按钮，根据需要勾选安装对话框中的部件，见图 1-4-15。

图 1-4-15　选择部件

⑨ 单击"下一个"按钮，打开"选择目标位置"，选择安装路径。最好使用默认的安装路径，不要更改，见图 1-4-16。

图 1-4-16 "选择目标位置"对话框

⑩ 单击"下一个"按钮，安装 Gx Developer 编程软件。当出现"信息"对话框后，单击"确定"按钮，完成 Gx Developer 编程软件的安装，见图 1-4-17。

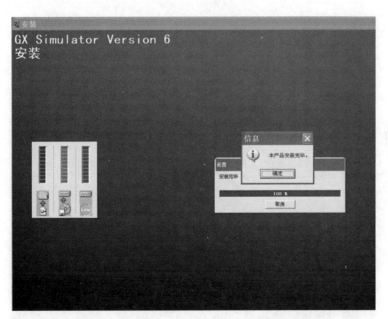

图 1-4-17 安装完毕 Gx Developer 编程软件

4. 查找及测试编程软件

单击电脑"任务栏"里的"开始"按钮，在"所有程序"里可以找到安装好的 Gx Developer 编程文件，如图 1-4-18 所示。单击"Gx Developer"打开程序，测试程序是否正常，见图 1-4-19；如果程序不正常，有可能是因为操作系统的"DLL"文件或者其他系统文件丢失，一般程序会提示是由于少了哪一个文件而造成的。这种情况有两种可能，一是软件的本身有问题，二是安装过程有问题，前者重新下载软件，后者重装就可能解决。

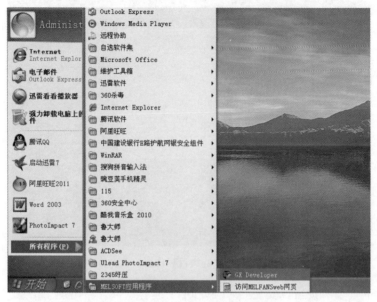

图 1-4-18　查找安装好的编程软件

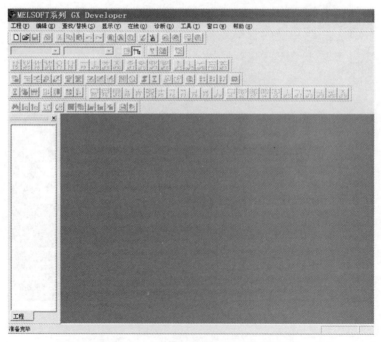

图 1-4-19　测试安装好的编程软件

5. 创建桌面快捷方式

单击电脑"任务栏"里的"开始"按钮，将鼠标依次移至"所有程序"→"MEL-SOFT 应用程序"→"Gx Developer"，然后在"Gx Developer"上右键单击弹出"Gx Developer"下拉菜单，将鼠标移至"发送到"→"桌面快捷方式"→左键单击，Gx Developer 编程软件桌面快捷方式创建完成，如图 1-4-20 所示。

图 1-4-20　创建桌面快捷方式

安装注意事项：

① 三菱大部分软件都要先安装"环境"，否则不能继续安装。如果不能继续安装，系统会自动提示你需要安装环境。

② 最好使用默认的安装路径，不要更改。

③ 填写用户信息时，公司名称、用户名尽量使用数字或英文，不能用中文或特殊符号。

④ "选择部件"选项中，建议缺省安装，特别是"监视专用 Gx Developer"不能打钩，否则软件安装后不能新建工程。

二、GX 编程软件设置界面

在计算机上安装好 Gx Developer 编程软件后，运行 Gx Developer 软件，可以看到软件窗口编辑区域是不可用的，工具栏中除了"新建"和"打开"按钮可见外，其余按钮均不可见。单击图 1-4-19 中的 ⬜ 按钮，或执行"工程"菜单中的"创建新工程"命令，可创建一个新工程，出现图 1-4-21 所示界面。

在图 1-4-21 所示界面上选择 PLC 所属系列和型号，设置项还包括程序的类型，即梯形图或 SFC（顺序控制程序），设置文件的保存路径和工程名等。注意 PLC 系列和 PLC 型号两项必须要设置，且须与所连接的 PLC 一致，否则程序可能无法写入 PLC。设置好上述各项后，出现图 1-4-22 所示窗口，即可进行程序的编制。

【任务实施】

一、梯形图程序的编制

在用计算机编制梯形图之前，首先单击图 1-4-23 程序编制界面中的 按钮或按 F2

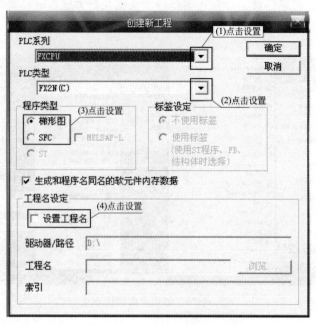

图 1-4-21　建立新工程界面

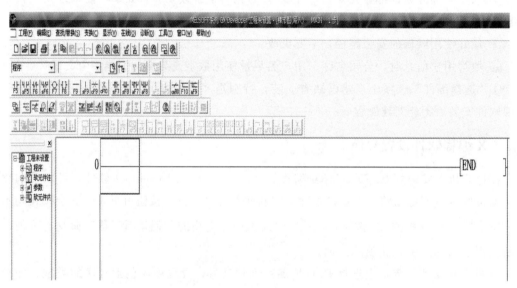

图 1-4-22　程序的编辑窗口

键，使其为写入模式（查看状态栏），然后单击 按钮，选择梯形图显示，即程序在编写区中以梯形图的形式显示。选择当前编辑区，当前编辑区为蓝色方框。梯形图的绘制有两种方法：一种是用键盘操作，即通过键盘输入完成指令；另一种方法是用鼠标选择工具栏中的图形符号，再键入其软元件和软元件号，输入完毕按 Enter 键即可。如在图 1-4-23 中输入 LD
X0，按 Enter 键或单击"确定"按钮则 X0 的常开触点就在编写区域中显示出来，然后再输入 LDI X1、OUT Y0、OR Y0，即绘制出如图 1-4-24 所示图形。梯形图程序编制完成后，在写入 PLC 之前，必须进行变换，单击图 1-4-24 中"变换"菜单下的"变换"命令，或直接按 F4 键完成变换，此时编写区不再是灰色状态，可以存盘或传送。

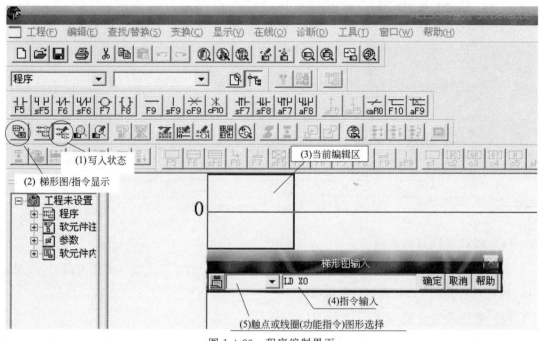

图 1-4-23　程序编制界面

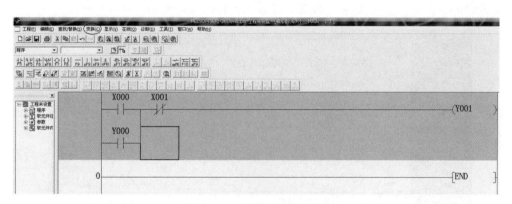

图 1-4-24　程序变换前的界面

注意：在输入的时候要注意阿拉伯数字 0 和英文字母 O 的区别以及空格的问题。

二、指令方式编制程序

指令方式编制程序即直接输入指令的编程方式，并以指令的形式显示，如图 1-4-25 所示。输入指令的操作与上述介绍的用键盘输入指令的方法完全相同，只是显示不同，且指令表程序不需要变换。并可在梯形图显示与指令表显示之间切换（Alt＋F1 键）。

三、程序的传输

在计算机上将 GX 的程序写入到 PLC 中的 CPU，或将 PLC 中 CPU 的程序读到计算机中，一般需要以下几步。

图 1-4-25　指令方式编制程序的界面

（1）PLC 与计算机连接

正确连接计算机（已安装好了 GX 编程软件）和 PLC 的编程电缆（专用电缆），特别是 PLC 接口方向不要弄错，否则容易造成损坏。

（2）进行通信设置

程序编制完成后，单击"在线"菜单中的"传输设置"后，出现如图 1-4-26 所示的窗口，设置好 PC/F 和 PLC/F 的各项设置，其它项保持默认，单击"确认"按钮。

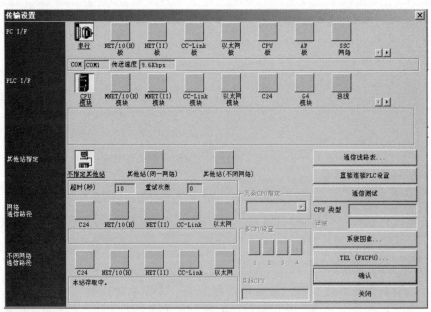

图 1-4-26　通信设置界面

（3）程序写入、读出

若要将计算机中编制好的程序写入到 PLC，单击"在线"菜单中的"写入 PLC"，则出现如图 1-4-27 所示窗口，根据出现的对话窗进行操作。选中主程序，再单击"执行"即可。若要将 PLC 中的程序读出到计算机中，其操作与程序写入操作相似。

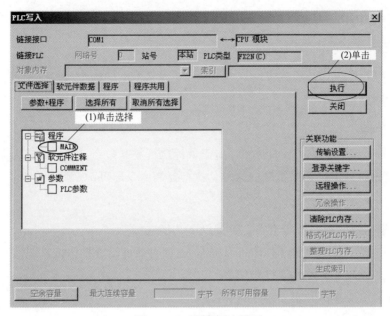

图 1-4-27　程序写入界面

四、编辑操作

（1）删除、插入

删除、插入操作可以是一个图形符号，也可以是一行，还可以是一列（END 指令不能被删除），其操作有如下几种方法。

① 将当前编辑区定位到要删除、插入的图形处，右击鼠标，再在快捷菜单中选择需要的操作；

② 将当前编辑区定位到要删除、插入的图形处，在"编辑"菜单中执行相应的命令；

③ 将当前编辑区定位到要删除的图形处，然后按键盘上的"Del"键即可；

④ 若要删除某一段程序，可拖动鼠标中该段程序，然后按键盘上的"Del"键，或执行"编辑"菜单中的"删除行"或"删除列"命令；

⑤ 按键盘上的"Ins"键，使屏幕右下角显示"插入"，然后将光标移到要插入的图形处，输入要插入的图形处，输入要插入的指令即可。

（2）修改

若发现梯形图有错误，可进行修改操作。如图 1-4-1 中的 X001 常闭改为常开。首先按键盘的"Ins"键，使屏幕右下角显示"写入"，然后将当前编辑区定位到要修改的图形处，输入正确的指令即可。

（3）删除、绘制连线

① 将当前编辑区定位到图 1-4-1 中要删除的竖线右上侧，即选择删除连线。然后单击 按钮，再按 Enter 键即删除竖线；

② 将当前编辑区定位到图 1-4-1 中 X001 触点右侧，然后单击 按钮，再按 Enter 键即可在 X1 右侧添加一条竖线；

③ 将当前编辑区定位到图 1-4-1 中 Y000 触点的右侧，然后单击 按钮，再按 Enter 键即添加一条横线。

（4）复制粘贴

首先拖动鼠标选中需要复制的区域，右击鼠标执行复制命令（或"编辑"菜单中复制命令），再将当前编辑区定位到要粘贴的区域，执行复制命令即可。

（5）打印

如果要将编制好的程序打印出来，可按以下几步进行：

① 单击"工程"菜单中的"打印机设置"，根据对话框设置打印机；

② 执行"工程"菜单中的"打印"命令；

③ 在选项卡中选择梯形图或指令列表；

④ 设置要打印的内容，如主程序、注释、申明；

⑤ 设置好后，可以进行打印预览，如符合打印要求，则执行"打印"。

（6）保存、打开工程

当程序编制完毕后，必须先进行变换（即单击"变换"菜单中的"变换"），然后单击 按钮或执行"工程"菜单中的"保存"或"另存为"命令。系统会提示（如果新建时未设置）保存的路径和工程名称，设置好路径和键入工程名称再单击"保存"即可。但需要打开保存在计算机中的程序时，单击 按钮，在弹出的窗口中选择保存的驱动器和工程名称再单击"打开"即可。

（7）其它功能

如要执行单步执行功能，单击"在线"—"调试"—"单步执行"，即可使 PLC 一步一步依程序向前执行，从而判断程序是否正确。又如在线修改功能，单击"工具"—"选项"—"运行时写入"，然后根据对话框进行操作，可在线修改程序的任何部分。还有改变 PLC 的型号、梯形图逻辑测试等功能。

项目训练

1. 简述可编程控制器的定义。
2. 简述可编程控制器的特点。
3. 简述 PLC 与微机的相同点及不同点。
4. 简述可编程控制器的工作原理。
5. 简述 FX2N 系列可编程控制器型号的意义。

6. 简述 FX2N-48MR 编程元件的功能、编号、点数、使用方法。

7. FX 系列可编程序控制器的编程语言有哪些？

8. 编程练习

（1）根据指令表程序画出梯形图。

步序　指令　地址

0　LD　　X0

1　ANI　　X1

2　LD　　X3

3　ORI　　X4

4　AND　　X5

5　ORB

6　OUT　　Y0

7　END

（2）根据图 1-1 梯形图写出指令表程序。

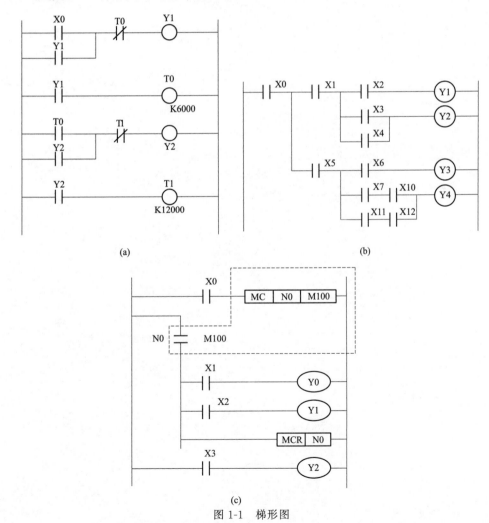

(a)

(b)

(c)

图 1-1　梯形图

（3）根据图 1-2 示的梯形图程序，补画 M0、M1、M2 和 Y0 的时序图。

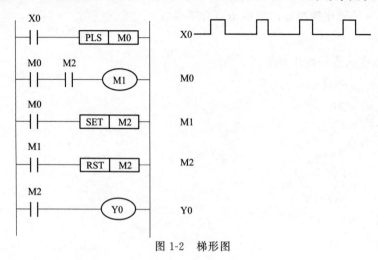

图 1-2　梯形图

项目二

PLC 指令简单应用

任务一　电动机的 PLC 控制

【学习目标】

① 掌握 I/O 地址的分配方式。

② 掌握控制要求的分析方法。

③ 能绘制 PLC 控制电路图，完成 PLC 控制电路的接线安装。

④ 能按照控制要求编写控制程序，编写相应的梯形图程序，将程序输入 PLC，完成 PLC 控制系统的调试、运行和分析。

【任务导入】

本任务利用 PLC 进行电动机控制，分三个子任务：①水泵电动机的 PLC 自动控制；②电动机 Y-△降压启动的 PLC 控制；③电动机正反转 PLC 控制。通过三个子任务，初步掌握 PLC 指令的实际应用。

【相关知识】

一般而言，PLC 应用系统设计与调试的主要步骤包括以下几个。

(1) 分析被控对象的工艺条件和控制要求

被控对象的工艺条件和控制要求是整个系统设计的基础，以后的选型、编程、调试都是以此为目标。被控对象就是所要控制的机械、电气设备、生产线或生产过程。控制要求主要指控制的基本方式、应完成的动作、自动工作循环的组成、必要的保护和联锁等。对较复杂的控制系统，还可将控制任务分成几个独立部分，这样可化繁为简，有利于编程和调试。

(2) 确定 I/O 设备

根据被控对象的功能要求，确定系统所需的输入、输出设备。常用的输入设备有按钮、选择开关、行程开关、传感器、编码器等，常用的输出设备有继电器、接触器、指示灯、电磁阀、变频器、伺服电机、步进电机等。

（3）选择合适的 PLC 类型

根据已确定的用户 I/O 设备，统计所需的输入信号和输出信号的点数，选择合适的 PLC 类型，包括机型的选择、I/O 模块的选择、特殊模块、电源模块的选择等。

（4）分配 I/O 点

分配 PLC 的输入输出点，编制出输入 / 输出分配表或者画出输入 / 输出端子的接线图。接着就可以进行 PLC 程序设计，同时可进行控制柜或操作台的设计和现场施工。

（5）编写梯形图程序

根据工作功能图表或状态流程图等设计出梯形图即编程。这一步是整个应用系统设计的最核心工作，也是比较困难的一步，要设计好梯形图，首先要十分熟悉控制要求，同时还要有一定的电气设计的实践经验。

（6）进行软件测试

将程序下载到 PLC 后，应先进行测试工作。因为在程序设计过程中，难免会有疏漏的地方。因此在将 PLC 连接到现场设备上去之前，必须进行软件测试，以排除程序中的错误，同时也为整体调试打好基础，缩短整体调试的周期。

（7）应用系统整体调试

在 PLC 软硬件设计和控制柜及现场施工完成后，就可以进行整个系统的联机调试，如果控制系统是由几个部分组成，则应先作局部调试，然后再进行整体调试；如果控制程序的步序较多，则可先进行分段调试，然后再连接起来总调。调试中发现的问题，要逐一排除，直至调试成功。

（8）编制技术文件

系统技术文件包括说明书、电气原理图、电器布置图、电气元件明细表、PLC 梯形图等。

子任务一　水泵电动机 PLC 自动控制

水泵电动机 PLC 自动控制要求如下：
① 电动机能按照规定的工作时段启动、停止；
② 电动机具有短路保护及过载保护（采用硬保护）。
水泵电动机的工作情况见表 2-1-1。

表 2-1-1　水泵电动机工作情况

星期	工作时段			
	5：00—12：00	12：00—13：00	13：00—18：00	18：00—5：00
一	工作	停车	工作	停车
二	工作	停车	工作	停车
三	工作	停车	工作	停车
四	工作	停车	工作	停车
五	工作	停车	工作	停车
六	工作	停车	工作	停车
日	工作	停车	工作	停车

【任务实施】

1. 编制输入输出分配（表 2-1-2）

表 2-1-2　输入输出分配

输入		输出	
SB1	X0	KM1	Y1
SB2	X2		

2. 设计主电路及 I/O 接线（图 2-1-1）

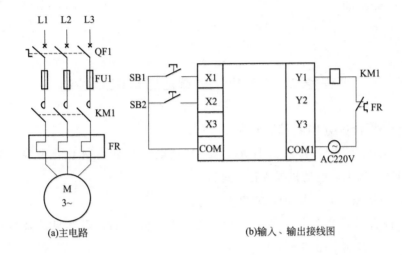

(a)主电路　　　　　(b)输入、输出接线图

图 2-1-1　主电路及 I/O 接线

3. 编写梯形图程序

（1）用两只开关实现电动机的启动与停止（图 2-1-2）

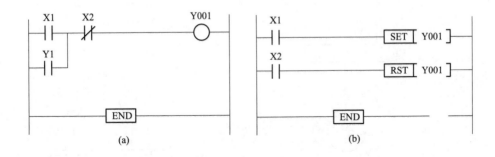

图 2-1-2　用两只开关实现电动机的启动与停止

（2）用一只开关实现电动机的启动与停止（图 2-1-3）

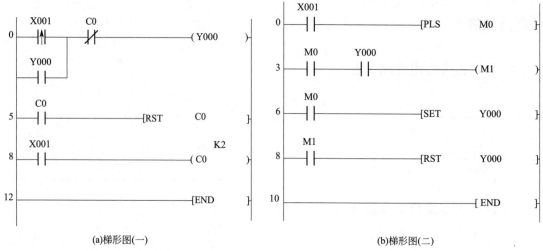

(a)梯形图(一)　　　　　　　　　　　　　(b)梯形图(二)

图 2-1-3　用一只开关实现电动机的启动与停止

子任务二　电动机 Y-△ 降压启动 PLC 控制

电动机 Y-△ 降压启动 PLC 控制要求：

① 按下启动按钮 SB1，接触器 KM1、KMY 通电，电动机 M 作星形降压启动，5s 后 KM_Y 断开，$KM_△$ 通电，电动机投入正常运行。

② 按下停止按钮 SB2，电动机 M 停止运行。

电动机直接启动时冲击电流过大，因此通常采用降压启动，常见的降压启动方法是 Y-△ 降压启动，其控制电路如图 2-1-4 所示。

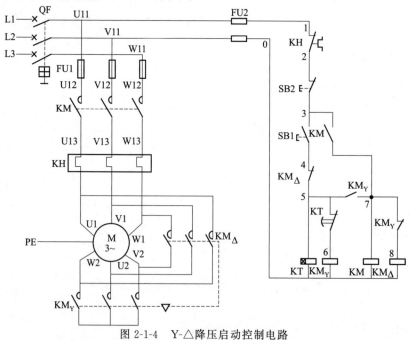

图 2-1-4　Y-△ 降压启动控制电路

图 2-1-4 中接触器 KM_Y 和 $KM_\triangle$ 分别用于 Y 形降压启动和 △ 运行，时间继电器 KT 用来控制 Y 形降压启动时间和完成 Y-△ 自动切换。SB1 是启动按钮，SB2 是停止按钮，FU1 用作主电路的短路保护，FU2 用作控制电路的短路保护，KH 用作过载保护。

降压启动过程如下：

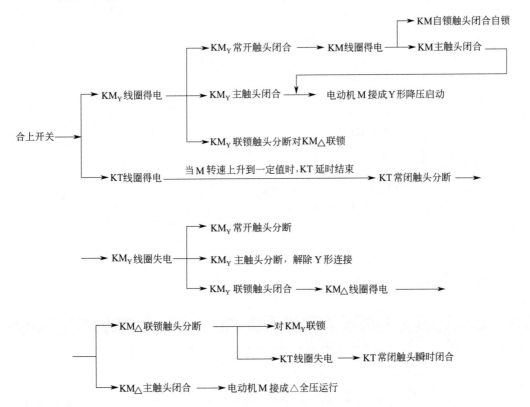

停止时按下 SB2。

接触器 KM_Y 得电后通过 KM_Y 的辅助常开触头使接触器 KM 得电动作，这样 KM_Y 的主触头是在无负载的条件下进行闭合的，故可延长接触器 KM_Y 主触头的使用寿命。

【任务实施】

① 根据被控对象对控制系统的要求，确定控制系统需要完成的动作及输入、输出设备，并由此确定 PLC 的输入、输出点数。

② 进行 PLC 的输入、输出分配，即把输入、输出设备分配到具体的 I/O 位。见表 2-1-3。

表 2-1-3 I/O 地址分配表

地址	设备名称	设备符号	设备用途
X0	热继电器保护开关	FR	过载保护
X1	启动按钮	SB1	当接通时电机开始启动
X2	停止按钮	SB2	当接通时电机停止工作
Y0	主交流接触器	KM	通断电机主电路电源
Y1	三角形连接交流接触器	KM_Y	导通时电机星形连接
Y2	星形连接交流接触器	$KM_\triangle$	导通时电机三角形连接

工作时，按下启动按钮 SB1→Y0 得电→KM 得电→常开 Y0 闭合→Y1 得电→KM$_Y$ 得电→电机启动（Y 形）→T0 得电（5s 后常闭 T0 断开，常开 T0 闭合）→KM$_Y$ 失电→Y2 得电→KM$_\triangle$ 得电→电机呈三角形启动。

③ 绘制 PLC 的输入、输出接线图并进行输入、输出接线。输入、输出接线图如图 2-1-5 所示。

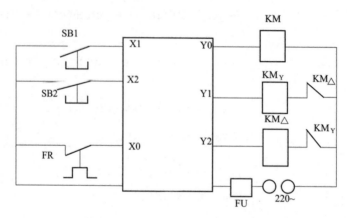

图 2-1-5   Y-△启动控制线路接线图

④ 编写梯形图程序。参考程序如图 2-1-6 所示。

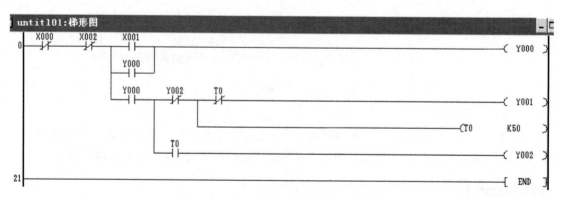

图 2-1-6   Y-△启动控制线路梯形图程序

⑤ 输入、修改和调试程序。

⑥ 运行程序。

子任务三   电动机正反转 PLC 控制

控制要求：

① 按下正转启动按钮，电动机正转启动运行，5s 后转为反转运行，反转 10s 后转为正转运行，3 个循环后自动停止；

② 按下反转启动按钮，电动机反转启动运行，10s 后转为正转运行，正转 5s 后转为反

转运行，3 个循环后自动停止；

③ 任意时刻按下停止按钮，电动机停止工作；

④ 电动机具有短路保护、过载保护（硬保护）。

电动机正反转控制电路如图 2-1-7 所示。

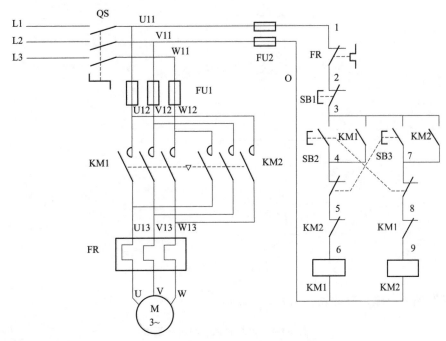

图 2-1-7　电动机正反转控制电路

正转控制：

反转控制：

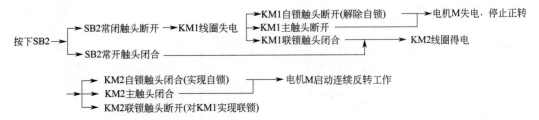

停止控制：按下 SB3，整个控制电路失电，接触器各触头复位，电机 M 失电停转。

【任务实施】

① 主电路设计。主电路如图 2-1-8 所示。

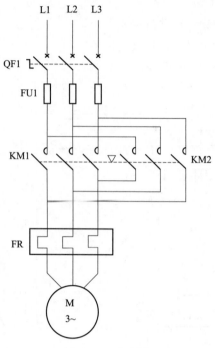

图 2-1-8　主电路

② 编写输入、输出分配表。见表 2-1-4。

表 2-1-4　PLC 输入、输出分配表

项目	输入			输出		
	代号	输入信号	作用	代号	输出信号	作用
PLC	SB1	X1	正启	KM1	Y1	正转控制
	SB2	X2	反启	KM2	Y2	反转控制
	SB3	X3	停止			

③ 绘制 I/O 接线图，见图 2-1-9。

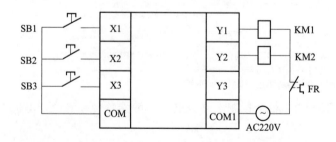

图 2-1-9　正反转控制电路 I/O 接线图

④ 编写梯形图程序。见图 2-1-10。

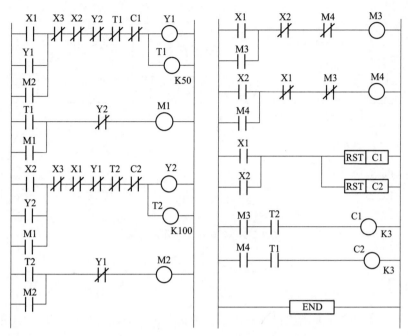

图 2-1-10 正反转控制电路程序梯形图

任务二 运料小车的 PLC 控制

【学习目标】

① 进一步熟悉 PLC 常用基本指令的功能。

② 熟悉定时器与计数器的使用方法。

③ 掌握运料小车 PLC 控制程序的设计与调试。

④ 掌握运料小车 PLC 控制系统输入输出信号的接线方法。

【任务导入】

用 PLC 实现对运料小车的控制。运料小车工作原理如图 2-2-1 所示。控制要求如下：

① 小车在 A 处装料后，按下启动按钮 SQ1，小车启动前进到 B 处自动停止卸料。10s 后自动后退到 A 处装料，15s 装好料后自动前进到 B 处卸料。以后周而复始，自动往返于 A、B 之间。

② 运料 6 车后小车自动停在 A 处。

③ 小车在前进或后退途中，按下停止按钮 SQ2 能随时停止。

④ 运料小车在 A、B 两端设有限位保护。

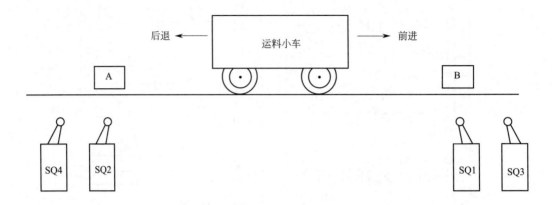

图 2-2-1　运料小车工作原理图

【相关知识】

　　行程开关又称限位开关或位置开关，是一种根据运动部件的行程位置而切换电路工作状态的控制电器。行程开关的动作原理与控制按钮相似，在机床设备中，事先将行程开关根据工艺要求安装在一定的行程位置上，部件在运行中，装在其上的撞块压下行程开关顶杆，行程开关的触点动作而实现电路的切换，达到控制运动部件行程位置的目的。行程开关按其结构可分为直动式、滚轮式、微动式和组合式。

　　直动式行程开关结构原理及实物如图 2-2-2、图 2-2-3 所示，其动作原理与按钮开关相同，但其触点的分合速度取决于生产机械的运行速度，不宜用于速度低于 0.4m/min 的场所。

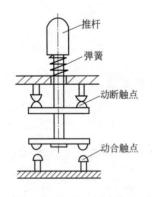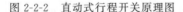

图 2-2-2　直动式行程开关原理图　　　　图 2-2-3　直动式行程开关

　　滚轮式行程开关结构原理及实物图如图 2-2-4～图 2-2-6 所示。当被控机械上的撞块撞击带有滚轮的撞杆时，撞杆转向右边，带动凸轮转动，顶下推杆，使微开关中的触点迅速动作。当运动机械返回时，在复位弹簧的作用下，各部分动作部件复位。滚轮式行程开关又分为单滚轮自动复位和双滚轮（羊角式）非自动复位式，双滚轮行移开关具有两个稳态位置，有"记忆"作用，在某些情况下可以简化线路。

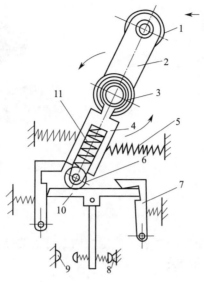

图 2-2-4　滚轮式行程开关原理图

1—滚轮；2—上转臂；3，5，11—弹簧；4—套架；6—滑轮；7—压板；8，9—触点；10—横板

图 2-2-5　单滚轮行程开关　　　　　　　　图 2-2-6　双滚轮行程开关

　　微动式行程开关结构原理及实物图如图 2-2-7、图 2-2-8 所示。微动开关具有微小接点间隔和快动机构，用规定的行程和规定的力进行开关动作，用外壳覆盖，其外部有驱动杆，因为其触点间距比较小，故名微动开关，又叫灵敏开关。其工作原理是外机械力通过传动元件（按销、按钮、杠杆、滚轮等）将力作用于动作簧片上，当动作簧片位移到临界点时产生瞬时动作，使动作簧片末端的动触点与定触点快速接通或断开。当传动元件上的作用力移去后，动作簧片产生反向动作力，当传动元件反向行程达到簧片的动作临界点后，瞬时完成反向动作。

微动开关的触点间距小，动作行程短，按动力小，通断迅速，其动触点的动作速度与传动元件动作速度无关。

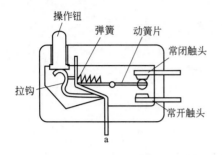

图 2-2-7　微动式行程开关原理图　　　　　图 2-2-8　微动式行程开关实物图

【任务实施】

① 根据被控对象对控制系统的要求，确定控制系统需要完成的动作及输入、输出设备，并由此确定 PLC 的输入、输出点数。

② 进行 PLC 的输入、输出分配，即把输入、输出设备分配到具体的 I/O 位，见表 2-2-1。

表 2-2-1　PLC 输入、输出分配

输入		输出	
SB1	X1	KM1	Y1
SB2	X2	KM2	Y2
SQ1	X3		
SQ2	X4		
SQ3	X5		
SQ4	X6		

③ 绘制 PLC 的输入、输出接线图，如图 2-2-9 所示，并进行输入、输出接线。

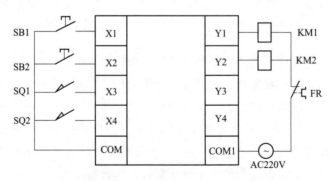

图 2-2-9　PLC 输入、输出接线图

④ 编写梯形图程序。参考程序如图 2-2-10 所示。

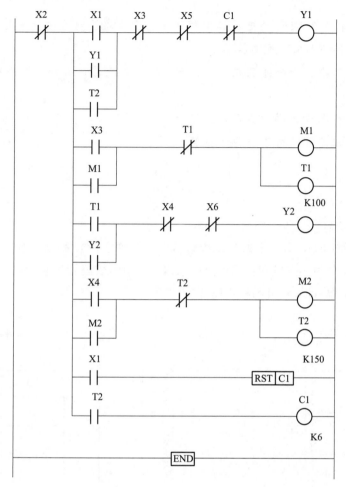

图 2-2-10 运料小车参考程序图

⑤ 输入、修改和调试程序。

⑥ 运行程序。

任务三 基于 PLC 的抢答器控制系统设计

【学习目标】

① 根据控制要求设计基于 PLC 的抢答器主电路、控制电路及 PLC 硬件配置电路。

② 根据控制要求编制抢答器 PLC 控制应用程序。

③ 掌握 FX 系列 PLC 的基本指令及使用注意事项。

④ 提高查找资料自己解决问题的能力。

⑤ 提高协作能力、沟通能力及自我学习的能力。

【任务导入】

要求设计一个基于 PLC 的抢答器控制系统，设计的控制系统应满足以下要求：

① 可供 3 个组（3 人）竞赛抢答。

② 主持人发出抢答指令并且绿灯 HL 点亮后才能抢答，否则视为违规抢答，本轮自动淘汰出局。

③ 抢答成功后七段数码管显示该组组号。

④ 主持人复位后可进行下一轮的抢答。

【相关知识】

1. 数码管的结构

数码管也称为 LED，由 8 个发光二极管（以下简称字段）构成，通过不同的组合来显示字符。数码管又分为共阴极和共阳极两种结构，常用的数码管显示为 8 段（或 7 段，8 段比 7 段多了一个小数点段），其结构如图 2-3-1 所示。

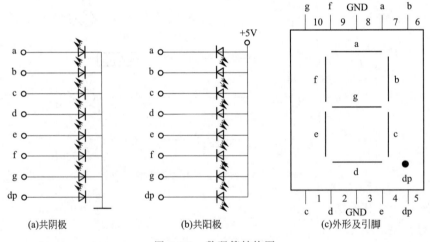

(a)共阴极　　　　　(b)共阳极　　　　　(c)外形及引脚

图 2-3-1　数码管结构图

2. 数码管工作原理

共阳极数码管的 8 个发光二极管的阳极（二极管正端）连接在一起。通常，公共阳极接高电平（一般接电源），其它管脚接段驱动电路输出端。当某段驱动电路的输出端为低电平时，该端所连接的字段导通并点亮。根据发光字段的不同组合可显示出各种数字或字符。此时，要求段驱动电路能吸收额定的段导通电流，还需根据外接电源及额定段导通电流来确定相应的限流电阻。

共阴极数码管的 8 个发光二极管的阴极（二极管负端）连接在一起。通常，公共阴极接低电平（一般接地），其它管脚接段驱动电路输出端。当某段驱动电路的输出端为高电平时，则该端所连接的字段导通并点亮，根据发光字段的不同组合可显示出各种数字或字符。此时，要求段驱动电路能提供额定的段导通电流，还需根据外接电源及额定段导通电流来确定相应的限流电阻。

3. 数码管字型编码

要使数码管显示出相应的数字或字符，必须使段数据口输出相应的字形编码。字型码各位定义为：数据线 D0 与 a 字段对应，D1 与 b 字段对应……，依此类推。如使用共阳极数码管，数据为 0 表示对应字段亮，数据为 1 表示对应字段暗；如使用共阴极数码管，数据为 0 表示对应字段暗，数据为 1 表示对应字段亮。如要显示"0"，共阳极数码管的字型编码应为 11000000B（即 C0H）；共阴极数码管的字型编码应为 00111111B（即 3FH），依此类推。数码管字形码如表 2-3-1 所示。

表 2-3-1　数码管字型码

显示字符	共阴极段选码	共阳极段选码	显示字符	共阴极段选码	共阳极段选码
0	3FH	C0H	C	39H	C6H
1	06H	F9H	D	5EH	A1H
2	5BH	A4H	E	79H	86H
3	4FH	B0H	F	71H	84H
4	66H	99H	P	73H	82H
5	6DH	92H	U	3EH	C1H
6	7DH	82H	r	31H	CEH
7	07H	F8H	y	6EH	91H
8	7FH	80H	8	FFH	00H
9	6FH	90H	"灭"	00H	FFH
A	77H	88H			...
B	7CH	83H			

图 2-3-2 为 LED 显示器的结构原理图。N 个 LED 显示块有 N 根位选线和 $8 \times N$ 根段码线。段码线控制显示的字型，位选线控制该显示位的亮或暗，分静态显示和动态显示两种显示方式。

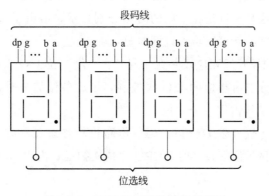

图 2-3-2　LED 显示器的结构原理图

4. 静态显示接口

静态显示是指数码管显示某一字符时，相应的发光二极管恒定导通或恒定截止，这种显示方式的各位数码管相互独立，公共端恒定接地（共阴极）或接正电源（共阳极）。每个数码管的 8 个字段分别与一个 8 位 I/O 口地址相连，I/O 口只要有段码输出，相应字符即显示出来，并保持不变，直到 I/O 口输出新的段码。采用静态显示方式，用较小的电流即可获得较高的亮度，且占用 CPU 时间少，编程简单，显示便于监测和控制，但其占用的口线多，硬件电路复杂，成本高，只适合于显示位数较少的场合。

图 2-3-3 中各位的公共端连接在一起（接地或 +5V），每位段码线分别与一个 8 位锁存器输出相连。显示字符一旦确定，相应锁存器的段码输出将维持不变，直到送入另一个段码为止。该电路各位可独立显示。

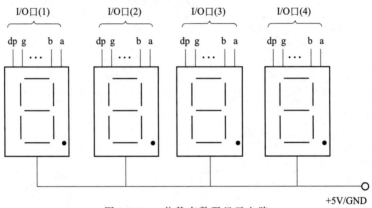

图 2-3-3　4 位静态数码显示电路

5. 动态显示接口

动态显示是一位一位地轮流点亮各位数码管，这种逐位点亮显示器的方式称为位扫描。通常，各位数码管的段选线相应并联在一起，由一个 8 位的 I/O 口控制；各位的位选线（公共阴极或阳极）由另外的 I/O 口线控制。动态方式显示时，各数码管分时轮流选通，要使其稳定显示，必须采用扫描方式，即在某一时刻只选通一位数码管，并送出相应的段码，在另一时刻选通另一位数码管，并送出相应的段码，依此规律循环，即可使各位数码管显示将要显示的字符。虽然这些字符是在不同的时刻分别显示，但由于人眼存在视觉暂留效应，只要每位显示间隔足够短，就可以给人以同时显示的感觉。

图 2-3-4 中所有位的段码线相应段并在一起，由一个 8 位 I/O 口控制，形成段码线的多路复用，各位的公共端分别由相应的 I/O 线控制，形成各位的分时选通。其中段码线占用一个 8 位 I/O 口，而位选线占用一个 4 位 I/O 口。

采用动态显示方式比较节省 I/O 口，硬件电路也较静态显示方式简单，但其亮度不如静态显示方式，而且在显示位数较多时，CPU 要依次扫描，占用 CPU 较多的时间。

【任务实施】

I/O 分配见表 2-3-2。

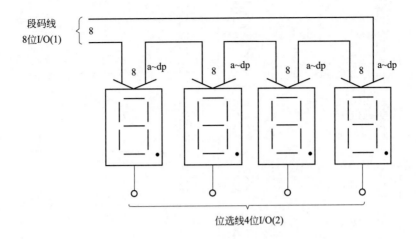

图 2-3-4 4 位动态数码显示电路

表 2-3-2 I/O 分配

输入		输出	
SB1(一组抢答)	X1	A	Y1
SB2(二组抢答)	X2	B	Y2
SB3(三组抢答)	X3	C	Y3
SB4(主持人发令)	X4	D	Y4
SB5(主持人复位)	X5	E	Y5
		G	Y6
		HL	Y7

I/O 接线图如图 2-3-5 所示。

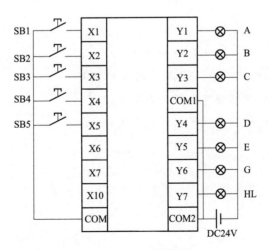

图 2-3-5 I/O 接线图

编制梯形图,见图 2-3-6。

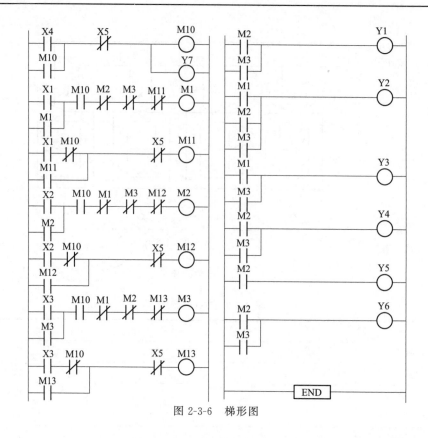

图 2-3-6　梯形图

任务四　闪光灯的 PLC 控制

【学习目标】

① 进一步熟悉 PLC 常用基本指令的功能。

② 熟悉 MPS、MRD、MPP、ANB 等指令的使用。

③ 掌握闪光灯 PLC 控制程序的设计与调试。

④ 掌握闪光灯 PLC 控制系统输入输出信号的接线方法。

【任务导入】

用 PLC 实现对闪光灯的控制，要求采用两种控制方案。

1. 控制方案 1

① 按下启动按钮 SB1，L1 亮 0.5s，然后 L2、L3、L4、L5 亮 0.5s，然后 L6、L7、L8、L9 亮 0.5s，然后 L1、L2、L3、L4、L5、L6、L7、L8、L9 全部熄灭，0.5s 后进入下一个循环。

② 五个循环后系统自动停止工作。

③ 按下停止按钮 SB2，系统立即停止运行。

2. 控制方案 2

① 按下启动按钮 SB1，L1 亮 0.5s 熄灭，然后 L2、L3、L4、L5 亮 0.5s 熄灭，然后 L6、L7、L8、L9 亮 0.5s 熄灭，然后进入下一个循环。

② 五个循环后系统自动停止工作。

③ 按下停止按钮 SB2，系统立即停止运行。

【相关知识】

本任务通过模拟控制来学习利用 PLC 控制闪光灯的方法和技巧。目前我国装饰灯具的发展空间十分广阔，随着人民生活水平逐年提高，城镇住宅和商用建筑越来越多地采用各种动态 LED，所用 LED 灯具也逐步由低档向中高档发展。除了常用的台灯、落地灯、壁灯、天花灯、吊灯、壁柜灯、油烟机照明灯、镜前灯、夜间照明灯等外，很多家庭还在客厅、饭厅、卧室、厨房、浴室等场所采用各种具有不同控制功能的灯饰，包括闪光灯等。从发展趋势上看，智能灯具越来越多。因此，我们有必要了解如何利用现代控制技术进行灯光的控制。本项目的闪光灯 PLC 控制系统所采用的 LED 仿真图如图 2-4-1 所示。

图2-4-1　LED仿真图

【任务实施】

① 根据被控对象对控制系统的要求，确定控制系统需要完成的动作及输入、输出设备，并由此确定 PLC 的输入、输出点数。

② 进行 PLC 的输入、输出分配，即把输入、输出设备分配到具体的 I/O 位。见表 2-4-1。

表 2-4-1　输入/输出分配表

输入		输出	
SB1	X0	L1	Y1
SB2	X1	L2,L3,L4,L5	Y2
		L6,L7,L8,L9	Y3

③ 绘制 PLC 的输入、输出接线图并进行输入、输出接线，见图 2-4-2。

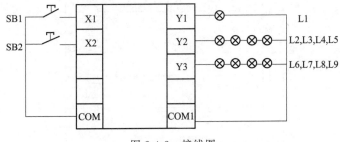

图 2-4-2　接线图

④ 编写梯形图程序。控制方案 1 的参考程序如图 2-4-3 所示。

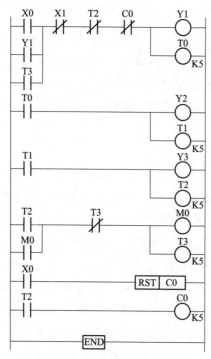

图 2-4-3　控制方案 1 的参考程序

控制方案 2 的参考程序如图 2-4-4 所示。

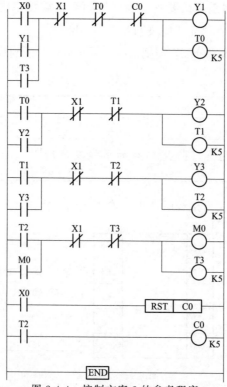

图 2-4-4　控制方案 2 的参考程序

采用 MPS、MRD、MPP、ANB 指令的控制方案 2 参考程序如图 2-4-5 所示。

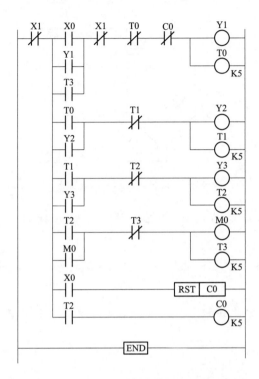

图 2-4-5 采用 MPS、MRD、MPP、ANB 指令的控制方案 2 参考程序

任务五 液体混合搅拌装置的 PLC 控制

【学习目标】

① 熟悉 PLS、PLF、SET、RST 指令的功能及使用。

② 掌握液体混合搅拌装置 PLC 控制程序的设计与调试。

③ 掌握液体混合搅拌装置 PLC 控制系统输入输出信号的接线方法。

【任务导入】

用 PLC 实现对液体混合搅拌装置的控制。液体混合搅拌装置如图 2-5-1 所示，其控制要求如下：

① 按下启动按钮 SB1 后，电磁阀 YV1 通电打开，开始注入液体 A。

② 当液位到达 I 时，液位传感器 I 接通，此时关闭电磁阀 YV1，液体 A 停止注入，同时接通电磁阀 YV2，开始注入液体 B。

③ 当液位到达 H 时，液位传感器 H 接通，关闭电磁阀 YV2，同时启动搅拌电

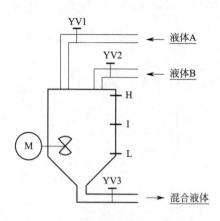

图 2-5-1　液体混合搅拌装置示意图

动机 M 进行搅拌，60s 后电动机 M 停止工作，这时电磁阀 YV3 通电打开，放出混合液体。

④ 当液位低于 L 后，再延时 2s，电磁阀 YV3 断电关闭，并自动开始下一个工作循环。

⑤ 若在工作中按下停止按钮 SB2，搅拌装置不会立即停止工作，而是完成这个工作循环后才停止工作。

【相关知识】

1. 水位传感器

水位传感器是智能控制设备的眼睛，它将控制设备大部分的信息传给控制仪，控制仪通过对这些信息的处理来管理控制设备各功能部件。目前探测水位的方法很多，但最常用的是导电式方法和浮子式方法，这两种方法也是生活中使用面最广的探测方法。

导电式水位传感器的原理就是利用水的导电性来探测水面的高度，如图 2-5-2 中，0 极（公共极）与 1、2、3 是导通的，与 4 是不导通的，因此控制系统就可以判断水面在 3、4 之间。

浮子式的原理就是通过不同高度的干簧管通断的情况来探测水面的高度的。干簧管是一种电子元件，当它遇到强烈的磁场时，内部的开关闭合，电流从干簧管两端流过，给出位置和温度的信号，见图 2-5-3。

2. 电磁阀的工作原理

电磁阀是用来控制流体的自动化基础元件，属于执行器，用于控制液体流动方向。

电磁阀里有密闭的腔，在不同位置开有通孔，每个孔都通向不同的油管，腔中间是阀，两面是两块电磁铁，哪边的电磁铁线圈通电，阀体就会被吸引到哪边，通过控制阀体的移动来挡住或露出不同的排油孔，而进油孔是常开的，液压油进入不同的排油

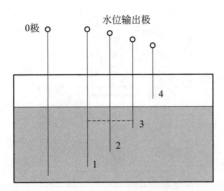

图 2-5-2 导电式传感器探测水位原理图

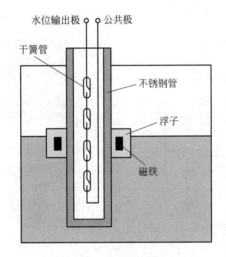

图 2-5-3 浮子式传感器
探测水位原理图

管，然后通过油的压力来推动油缸活塞，活塞又带动活塞杆，活塞竿带动机械装置，这样通过控制电磁铁就控制了机械运动。电磁阀原理上分为三大类：直动式、分步直动式、先导式。

① 直动式电磁阀。常闭型通电时，电磁线圈产生电磁力把阀芯从阀座上提起，阀门打开；断电时，电磁力消失，弹簧把阀芯压在阀座上，阀门关闭。常开型与此相反。其特点是在真空、负压、零压时能正常工作，但通径一般不超过 25mm。图 2-5-4 所示为直动式电磁阀结构示意图。

② 分步直动式电磁阀。它采用将直动阀和先导阀相结合的原理，见图 2-5-5。当入口与出口没有压差时，通电后，电磁力把先导小阀和主阀关闭件依次向上提起，阀门打开；当入口与出口达到启动压差时，通电后，电磁力驱动先导小阀，主阀下腔压力上升，上腔压力下降，从而利用压差把主阀向上推开；断电时，先导阀利用弹簧力或介质压力推动关闭件，向下移动，使阀门关闭。

特点：在零压差或真空、高压时亦可动作，但功率较大，要求必须水平安装。

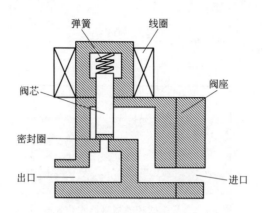

图 2-5-4　直动式电磁阀结构示意图

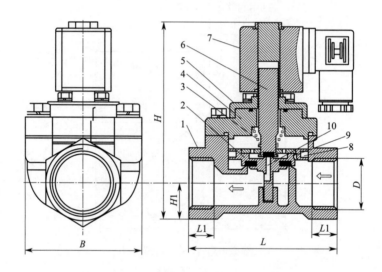

图 2-5-5　分步直动式电磁阀结构图

1—阀体；2—活塞；3—活塞弹簧；4—中盖；5—上盖；6—动铁芯；

7—线圈；8—活塞环；9—节流孔；10—先导孔

③ 间接先导式电磁阀。通电时电磁力把先导孔打开，上腔室压力迅速下降，在活塞周围形成上低下高的压差，流体压力推动活塞向上移动，阀门打开；断电时，弹簧力把先导孔敞开，入口压力通过旁通孔形成下低上高的压差，流体压力推动活塞向下移动，敞开阀门。见图 2-5-6。

特点：体积小，功率低，流体压力范围上限较高，可任意安装（需定制）但必须满足流体压差条件。

【任务实施】

① 根据被控对象对控制系统的要求，确定控制系统需要完成的动作及输入、输出设备，并由此确定 PLC 的输入、输出点数。

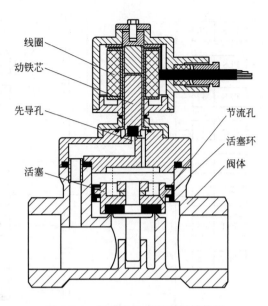

图 2-5-6　间接先导式电磁阀结构图

② 进行 PLC 的输入、输出分配，即把输入、输出设备分配到具体的 I/O 位，见表 2-5-1。

表 2-5-1　输入、输出分配表

输入		输出	
SB1	X0	YV1	Y1
SB2	X1	YV2	Y2
H	X2	KM	Y3
I	X3		
L	X4		

③ 绘制 PLC 的输入、输出接线图并进行输入、输出接线，I/O 接线图如图 2-5-7 所示。

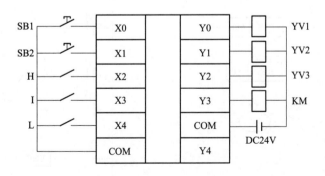

图 2-5-7　I/O 接线图

④ 编写梯形图程序。参考程序一如图 2-5-8 所示，参考程序二如图 2-5-9 所示。

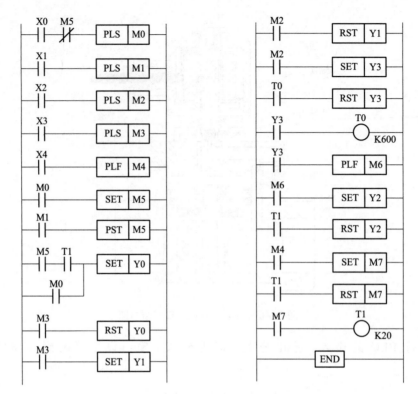

图 2-5-8　参考程序一

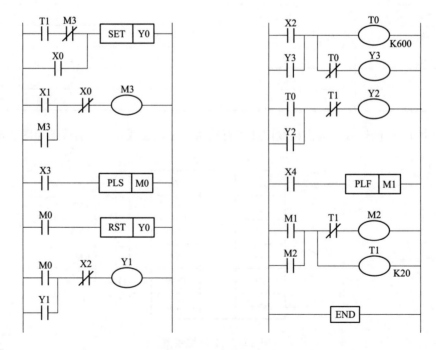

图 2-5-9　参考程序二

任务六　交通信号灯的 PLC 控制

【学习目标】

① 熟悉 PLC 基本指令的功能及使用。

② 掌握交通信号灯 PLC 控制程序的设计与调试

③ 掌握交通信号灯 PLC 控制系统输入输出信号的接线方法。

【任务导入】

用 PLC 实现交通信号灯的控制，控制要求如下：

① 按下启动按钮 SB1，系统开始工作；

② 按下停止 按钮 SB2 系统停止工作。

其控制要求时序图如图 2-6-1 所示。

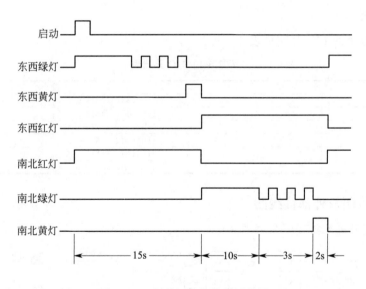

图 2-6-1　交通红绿灯控制时序图

【相关知识】

十字路口交通灯在我们的生活中经常可见，它对于我们的交通安全起着很重要的作用。交通信号灯用来疏导交通，提高道路通行能力，减少交通事故的发生。本任务学习利用 PLC 技术对交通灯进行逻辑控制，控制系统应简单、经济，能够有效控制交通灯的开关时间和变换频率，提高交通路口的通行能力，使交通更加通畅与安全。十字路口交通红绿灯示意图如图 2-6-2 所示。

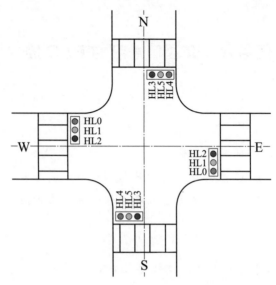

图 2-6-2　十字路口交通红绿灯示意图

【任务实施】

1. I/O 分配

PLC 控制系统的 I/O 分配见表 2-6-1。

表 2-6-1　I/O 分配表

输入		输出	
SB1	X0	HL0（东西绿灯）	Y0
SB2	X1	HL1（东西黄灯）	Y1
		HL2（东西红灯）	Y2
		HL3（南北红灯）	Y3
		HL4（南北绿灯）	Y4
		HL5（南北黄灯）	Y5

2. I/O 接线图及外部接线图

I/O 接线图及外部接线图参考图 2-6-3。

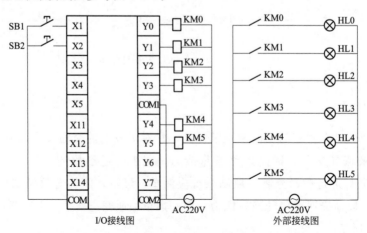

图 2-6-3　I/O 接线图和外部接线图

3. 编制梯形图

基本梯形图可参考图 2-6-4。

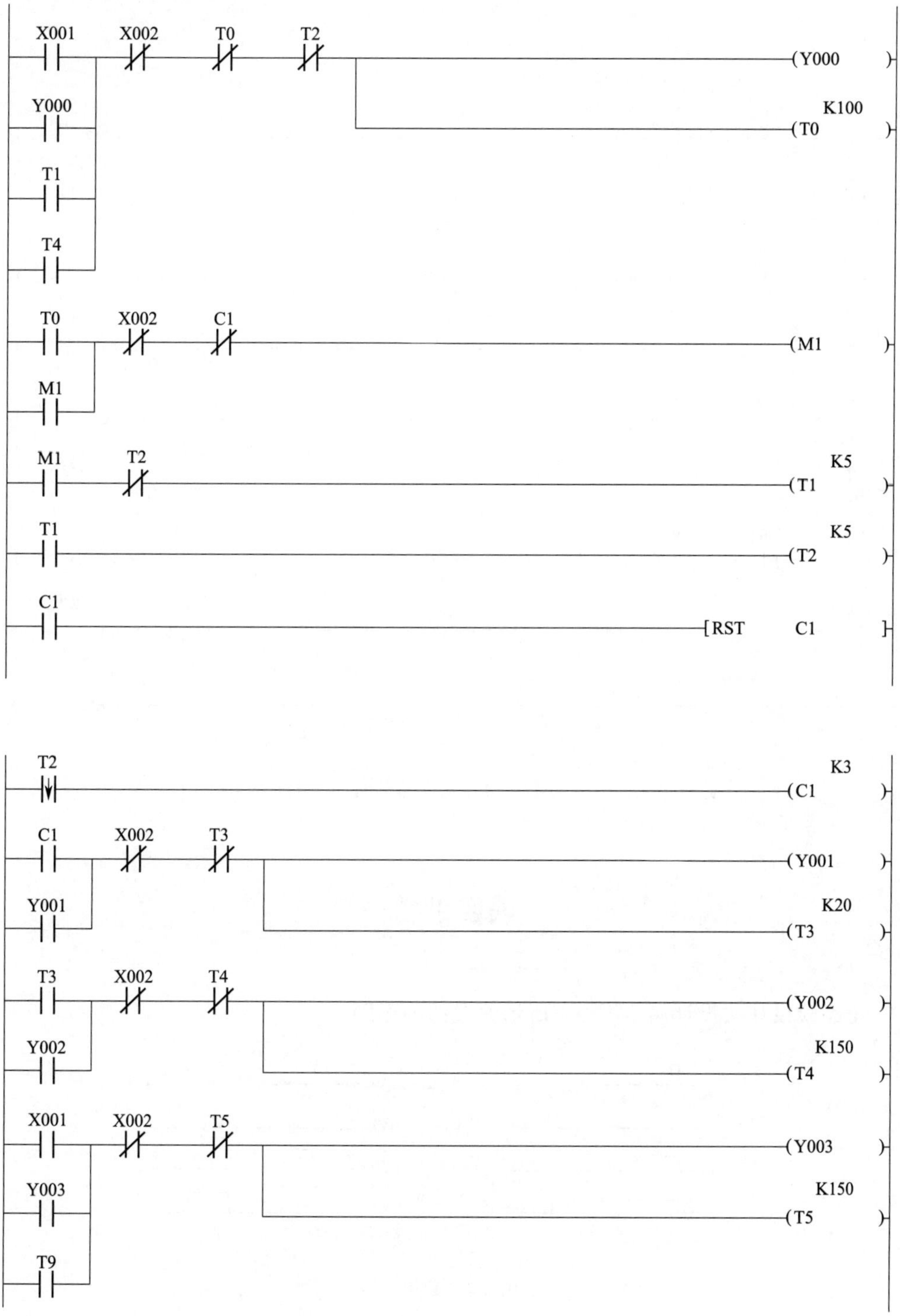

图 2-6-4

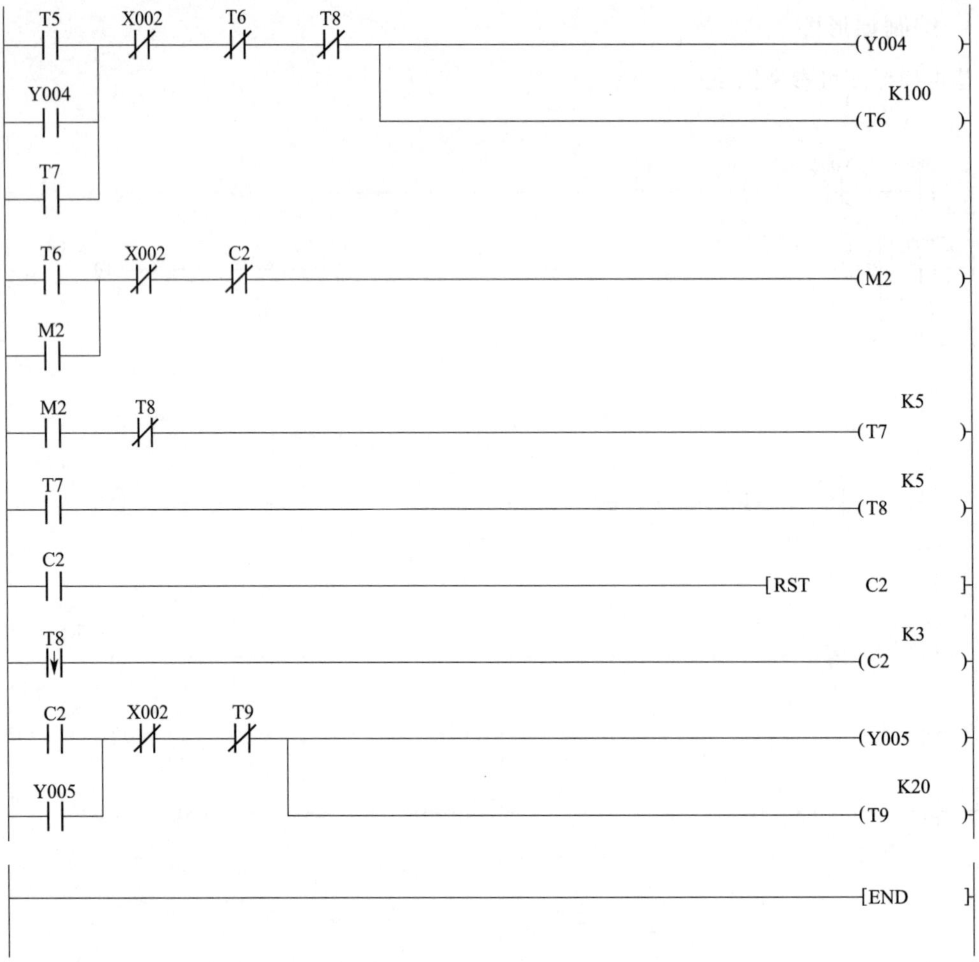

T5
X002
T6
T8
Y004
Y004
K100
T6
T7
T6
X002
C2
M2
M2
M2
T8
K5
T7
T7
K5
T8
C2
RST
C2
T8
K3
C2
C2
X002
T9
Y005
Y005
K20
T9
END

图 2-6-4 基本梯形图

项目训练

1. 用经验设计法设计满足图 2-1 所示波形的梯形图。

X0
X1
Y0
Y1
4s
X0
X1
Y0
Y1
10s

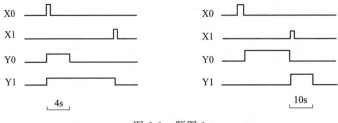

图 2-1 题图 1

2. 某控制时序图如图 2-2 所示，按下按钮 X0 后，Y0 变为 ON 并自保持，T0 定时 7s 后，用 C0 对 X1 输入的脉冲计数，记满 4 个脉冲后，Y0 变为 OFF，同时 C0 和 T0 被复位，在 PLC 刚开始执行用户程序时，C0 也被复位，设计出梯形图。

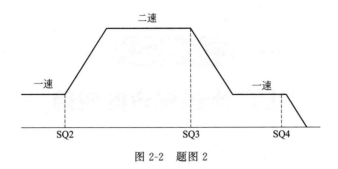

图 2-2　题图 2

3. 用 PLC 设计一个抢答器，可用于 4 支比赛队伍进行抢答。4 个抢答按钮分别为 X0～X3，对应的 4 个指示灯用 Y0～Y3 来控制，复位按钮用 X4。

4. 某交通灯控制时序如图 2-3 所示，按下按钮 X4 后，Y0（红灯）、Y1（绿灯）、Y2（黄灯）。用经验设计法设计符合此要求梯形图控制程序。

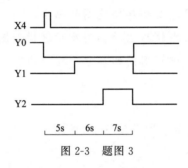

图 2-3　题图 3

5. 设计一声光报警系统，控制要求为：按下启动按钮，报警灯以 1Hz 的频率闪烁，蜂鸣器持续发声，闪烁 100 次停止 5s 后重复上面的过程，反复三次后停止，之后需按启动按钮又重新开始。试实现上述工作。

6. 有两台电动机 M1 和 M2，有两种控制方案：

① M1 和 M2 可以分别启动和停止；

② M1 和 M2 可以同时启动和停止。

试分别设计其控制程序。

7. 设计一个智力竞赛抢答控制程序，控制要求为：

① 竞赛者共三组，当某竞赛者抢先按下按钮，该竞赛者桌上指示灯亮；

② 指示灯亮后，主持人按下复位按钮后，指示灯熄灭。

项目三

PLC 步进指令的应用

任务一　台车自动往返系统

【学习目标】

① 掌握顺序控制的编程思想及顺序功能图的画法。

② 掌握步进梯形指令、状态转移图的类型及步进梯形图应用。

③ 了解状态编程思想、步进梯形图的其它一些应用。

【任务导入】

某台车自动往返系统工况示意图如图 3-1-1 所示。

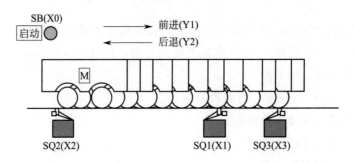

图 3-1-1　台车自动往返系统示意图

此系统的控制要求如下：

① 按下启动按钮 SB，台车电机 M 正转，台车前进，碰到限位开关 SQ1 后，台车电机 M 反转，台车后退。

② 台车后退碰到限位开关 SQ2 后，台车电机 M 停转，台车停车，停 5s，第二次前进，碰到限位开关 SQ3，再次后退。

③ 当后退再次碰到限位开关 SQ2 时，台车停止（或者继续下一个循环）。

根据上述要求试设计此系统。

【相关知识】

　　顺序控制是按照生产工艺预先规定的顺序，在各个输入信号的作用下，根据内部状态和时间的顺序，在生产过程中各个执行机构自动地有顺序地进行操作。程序开发流程如图3-1-2所示。

一、顺序功能图

　　顺序功能图又称为状态转移图或功能表图，它是描述控制系统的控制过程、功能和特性的一种图形，也是设计顺序控制程序的工具。利用这种先进的编程方法，初学者很容易编出复杂的顺控程序，大大提高了工作效率，也为调试、试运行带来许多方便。

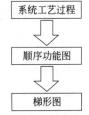

图 3-1-2　顺序控制程序开发流程图

　　顺序功能图是一种较新的编程方法，它将一个完整的控制过程分为若干阶段，各阶段具有不同的动作，阶段间有一定的转换条件，转换条件满足就实现阶段转移，上一阶段动作结束，下一阶段动作开始。它提供了一种组织程序的图形方法。在顺序功能图中可以用别的语言嵌套编程，步、路径和转换是顺序功能图的3种主要元素。顺序功能图主要用来描述开关量顺序控制系统，根据它可以很容易画出顺序控制梯形图程序。

　　顺序控制功能图主要由步、有向连线、转换、转换条件和动作（或命令）组成。

1. 步

　　顺序控制设计法将系统的一个工作周期划分成若干顺序相连的阶段，这些阶段称为步，并且用编程元件（s）代表各步。

2. 初始步

　　系统的初始状态相对应的"步"称为初始步，初始状态一般是系统等待启动命令的相对静止的状态。初始步用双线方框表示，每一个顺序功能图至少应有一个初始步。

3. 转换、转换条件

　　在两步之间的垂直短线为转换，其线上的横线为编程元件触点，它表示从上一步转到下一步的条件，横线表示某元件的动合触点或动断触点。其触点接通PLC才可执行下一步。

4. 与步对应的动作或命令

　　可以将一个控制系统划分为被控系统和施控系统。在数控车床系统中，数控装置是施控系统，车床是被控系统。对于被控系统，在某一步中要完成某些"动作"；对于施控系统，在某一步中则要向被控系统发出某些"命令"。

5. 活动步

　　当系统正处于某一步所在的阶段时，称该步处于活动状态，即"活动步"。步处于活动状态时，相应的动作被执行；处于不活动状态时，相应的非存储型的动作被停止执行。

二、利用顺序功能图编程步骤

1. 步的划分

步是根据 PLC 输出量的状态划分的，只要系统的输出量状态发生变化，系统就从原来的步进入新的步。在每一步内 PLC 各输出量状态均保持不变，但是相邻两步输出量总的状态是不同的。

2. 转换条件的确定

转换条件是使系统从当前步进入下一步的条件。常见的转换条件有按钮、行程开关、定时器和计数器的触点的动作（通/断）等。

3. 顺序功能图的绘制

图 3-1-3 所示为某顺序功能图。

4. 梯形图的绘制

根据顺序功能图，采用某种编程方式设计出梯形图。常用的设计方法有三种：启保停电路设计法，以转换为中心的设计法，步进梯形指令设计法。

（1）启保停电路设计法

图 3-1-4 所示为启保停电路设计法示例。

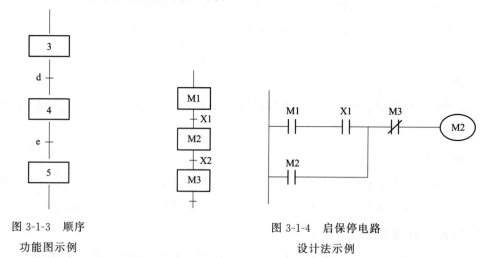

图 3-1-3　顺序
功能图示例

图 3-1-4　启保停电路
设计法示例

（2）以转换为中心的设计法

图 3-1-5 所示为以转换为中心的设计法。

（3）步进梯形指令设计法（图 3-1-6）

FX 系列 PLC 的步进梯形指令简称为 STL 指令，FX 系列 PLC 还有一条使 STL 指令复位的 RET 指令。利用这两条指令，可以很方便地编制顺序控制梯形图程序。

步进梯形指令 STL 只有与状态继电器 S 配合才具有步进功能。S0～S9 用于初始步，S10～S19 用于自动返回原点。使用 STL 指令的状态继电器的常开触点称为 STL 触点，没有常闭的 STL 触点。

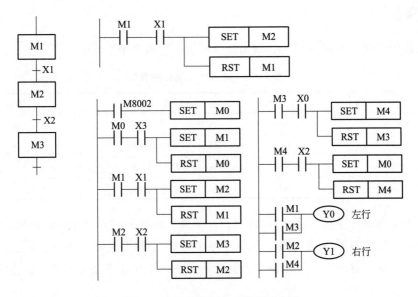

图 3-1-5 以转换为中心的设计方法

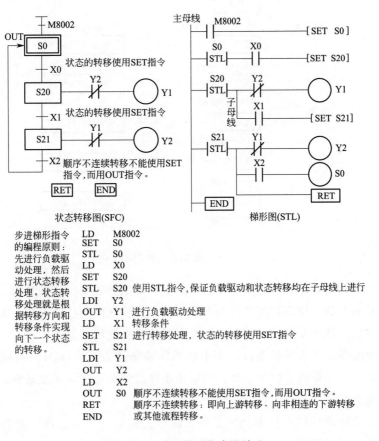

图 3-1-6 步进梯形指令设计法

【任务实施】

根据编程的需要，可设置输入、输出端口配置，如表 3-1-1 所示。

表 3-1-1　输入输出端口配置

输入设备	端口号	输出设备	端口号
启动 SB	X00	电机正转	Y01
前限位 SQ1	X01	电机反转	Y02
前限位 SQ3	X03		
后限位 SQ2	X02		

流程图主要由步、转移（换）、转移（换）条件、线段和动作（命令）组成。

第一步，首先绘制顺序功能图，台车的每次循环工作过程分为前进、后退、延时、前进、后退五个工步，每一步用一个矩形方框表示，方框中用文字表示该步的动作内容或用数字表示该步的标号，如图 3-1-7 所示。

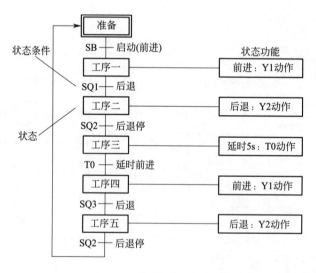

图 3-1-7　台车往返系统顺序功能图

与控制过程的初始状态相对应的步称为初始步。初始步表示操作的开始。

每步所驱动的负载（线圈）用线段与方框连接。方框之间用线段连接，表示工作转移的方向，习惯的方向是从上至下或从左至右，必要时也可以选用其它方向。

线段上的短线表示工作转移条件，图中状态转移条件为 SB、SQ1。方框与负载连接的线段上的短线表示驱动负载的联锁条件，当联锁条件得到满足时才能驱动负载。转移条件和联锁条件可以用文字或逻辑符号标注在短线旁边。

当相邻两步之间的转移条件得到满足时，转移去执行下一步动作，而上一步动作便结束，这种控制称为步进控制。

在初始状态下，按下前进启动按钮 SB（X00 动合触点闭合），则小车由初始状态转移到前进步，驱动对应的输出继电器 Y01，当小车前进至前限位 SQ1 时（X01 动合触点闭合），则由前进步转移到后退步。这就完成了一个步进，以后的步进可自行分析。

第二步为绘制状态转移图。顺序控制若采用步进指令编程，则需根据流程图画出状态转移图。状态转移图是用状态继电器（简称状态）描述的流程图。

状态可提供以下三种功能。

① 驱动负载。状态可以驱动 M、Y、T、S 等线圈，可以直接驱动和用置位指令 SET 驱动，也可以通过触点联锁条件来驱动。例如，当状态 S20 置位后，它可以直接驱动 Y1。在状态 S20 与输出 Y1 之间有一个联锁条件 Y2。

② 指定转移的目的地。状态转移的目的地由连接状态之间的线段指定，线段所指向的状态即为指定转移的目的地。例如，S20 转移的目的地为 S21。

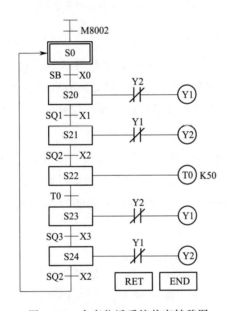

图 3-1-8　台车往返系统状态转移图

顺序功能图中的每一步可用一个状态来表示，由此绘出台车往返系统的状态转移图，如图 3-1-8 所示。分配状态如下：

初始状态　　　　　　　S0

前进（工序一）　　　　S20

后退（工序二）　　　　S21

延时（工序三）　　　　S22

再前进（工序四）　　　S23

再后退（工序五）　　　S24

注意：虽然 S20 与 S23，S21 与 S24 功能相同，但它们是状态转移图中的不同工序，也就是不同状态，故编号也不同。

③ 给出转移条件。状态转移的条件用连接两状态之间的线段上的短线来表示。当转移条件得到满足时，转移的状态被置位，而转移前的状态（转移源）自动复位。例如，当 X1 动合触点瞬间闭合时，状态 S20 将转移到 S21，这时 S21 被置位而 S20 自动

复位。

状态的转移条件可以是单一的，也可以是多个元件的串、并联组合，如图 3-1-9 所示。

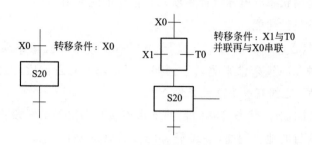

图 3-1-9　状态转移条件示意图

在使用状态时，需要注意以下问题。

① 状态的置位要用 SET 指令，这时状态才具有步进功能。当状态被置位时，其 STL 触点闭合，用它去驱动负载。STL 触点（步进触点）只有动合触点。

② 用状态驱动的 M、Y 若要在状态转移后继续保持接通，则需用 SET 指令。当需要复位时，则需用 RST 指令。

③ 只要在不相邻的步进段内，就可重复使用同一编号的计时器。这样，在一般的步进控制中只需使用 2～3 个计时器就够了，可以节省很多计时器。

④ 状态也可以作为一般中间继电器使用，其功能与 M 一样，但作一般中间继电器使用时就不能再提供 STL 触点了。

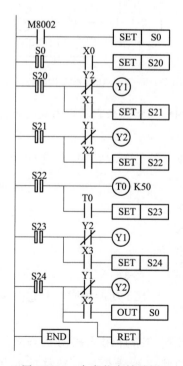

图 3-1-10　台车状态转移图

第三步，设计步进梯形图。每个状态提供一个 STL 触点，当状态置位时，其步进触点接通。用步进触点连接负载的梯形图称为步进梯形图，它可以根据状态转移图来绘制。图 3-1-10 所示为台车状态转移图。

绘制步进梯形图的要点：

① 状态必须用 SET 指令置位才具有步进控制功能，这时状态才能提供 STL 触点。

② 状态转移图中，除了并联分支与连接的结构以外，STL 触点基本上都是与母线连接的，通过 STL 触点直接驱动线圈，或通过其它触点来驱动线圈。线圈的通断由 STL 触点的通断来决定。

③ M8002 为特殊辅助继电器的触点，它提供开机初始脉冲。

④ 在步进程序结束时要用 RET 指令使后面的程序返回原母线。

第四步，编制语句表，根据步进梯形图，可用步进指令编制出语句表程序。步进指令由 STL/RET 指令组成。STL 指令称为步进触点指令，用于步进触点的编程，RET 指令称为步进返回指令，用于步进结束时返回原母线。

LD	M8002	SET	S20
SET	S0	STL	S20
STL	S0	LDI	Y2
LD	X0	OUT	Y1
LD	X1	STL	S23
SET	S21	LDI	Y2
STL	S21	OUT	Y1
LDI	Y1	LD	X3
OUT	Y2	SET	S24
LD	X2	STL	S24
SET	S22	LDI	Y1
STL	S22	OUT	Y2
OUT	T0	LD	X2
SP	K50	OUT	S0
LD	T0	RET	
SET	S23	END	

由步进梯形图编制语句表的要点是：

① 对 STL 触点要用 STL 指令，而不能用 LD 指令。不相邻的状态转移用 OUT 指令，例如从 S24 转移到 S25。

② 与 STL 触点直接连接的线圈用 OUT/SET 指令。对于通过触点连接的线圈，应在触点开始处使用 LD/LDI 指令。

③ 步进程序结束时要写入 RET 指令。

任务二　基于 PLC 的四台电动机顺序控制（单流程举例）

【学习目标】

　① 掌握单流程的编程的方法和技巧。

　② 进一步掌握步进指令的编程思路。

【任务导入】

　按下启动按钮，四台电动机 M1～M4 每隔 6s 依次启动，停止时，四台电动机同时停止。

【相关知识】

　主电路采用四台电动机并联的方式，每台电动机均配置一个热继电器，电动机的电路接通由接触器的主动合触点控制，主电路如图 3-2-1 所示。

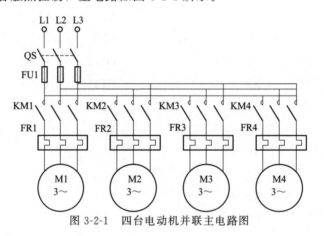

图 3-2-1　四台电动机并联主电路图

【任务实施】

（1）分配 PLC 的输入、输出点

PLC 的输入、输出点分配见表 3-2-1。

表 3-2-1　输入、输出点分配

元件	输入/输出点	元件	输入/输出点
SB1	X0	KM1	Y1
SB2	X1	KM2	Y2
		KM3	Y3
		KM4	Y4

（2）绘制 PLC 的输入、输出接线图

接线图见图 3-2-2。

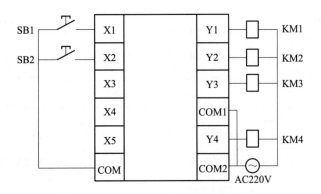

图 3-2-2　四台电动机并联输入、输出接线图

（3）顺序功能图

用 OUT 指令实现的顺序功能图及梯形图，如图 3-2-3 和图 3-2-4 所示。

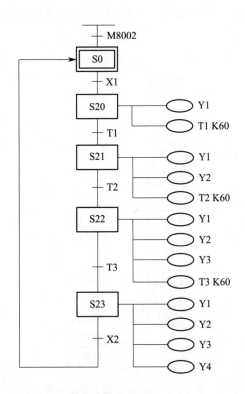

图 3-2-3　四台电动机并联控制顺序功能图

用 SET 指令实现的顺序功能图及梯形图，见图 3-2-5、图 3-2-6。

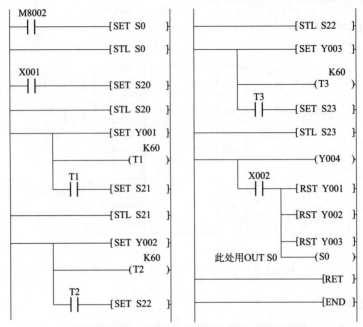

在回初始状态时,用SET S0或用OUT S0其效果是一样的

图 3-2-4　用 OUT 指令实现四台电动机并联控制梯形图

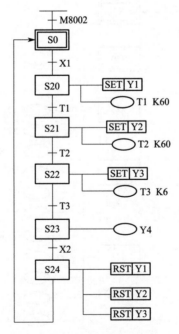

图 3-2-5　用 SET 指令实现四台
电动机并联控制的顺序功能图

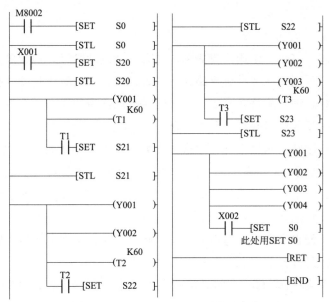

在回初始状态时，用SET S0或用OUT S0其效果是一样的

图 3-2-6　用 SET 指令实现四台电动机并联控制梯形图

任务三　基于 PLC 并行分支控制的信号灯控制系统

【学习目标】

① 掌握并行分支与汇合的编程的编程方法。

② 掌握信号灯的步进编程思路。

【任务导入】

用 PLC 实现信号灯的控制（并行分支与汇合编程实现），控制时序按图 3-3-1 所示实现。

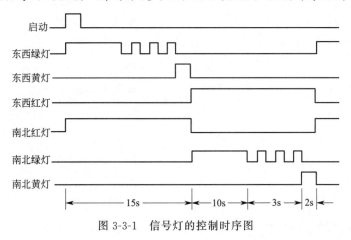

图 3-3-1　信号灯的控制时序图

【相关知识】

前面台车的状态转移图的结构比较简单，只有一个流动路径，称为单流程转移图。复杂的控制任务绘转移图可能存在多种分支路径，或者存在几个同时进行的并行过程，为了应对这类程序的编制，状态编程法将多分支、汇合转移图规范为选择性分支汇合及并行性分支汇合两种典型形式，本任务介绍并行性分支汇合。

并行分支的编程原则是先集中进行并行分支处理，再集中进行汇合处理。如图 3-3-2 所示，当转换条件 X1 接通时，由状态器 S21 分两路同时进入状态器 S22 和 S24，以后系统的两个分支并行工作，图中水平双线强调的是并行工作，实际上与一般状态编程一样，先进行驱动处理，然后进行转换处理，从左到右依次进行。

并行性分支状态编程规定多并行性分支总是同时开通，全部完成后才能汇合。并行性分支状态转移图的特征是分支的"开关"在公共流程上。

由并行性分支、汇合状态转移图转绘梯形图时的关键仍然是分支与汇合的表达。与选择性分支汇合不同的是，并行性分支、汇合状态转移图中，无论是分支还是汇合都必须集中表达。见图 3-3-3。

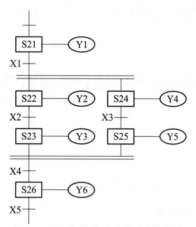

图 3-3-2　并行性分支状态转移图

STL	S21		OUT	Y4
OUT	Y1		LD	X3
LD	X1		SET	S25
SET	S22		STL	S25
SET	S24		OUT	Y5
STL	S22		STL	S23
OUT	Y2		STL	S25
LD	X2		LD	X4
SET	S23		SET	S26
STL	S23		STL	S26
OUT	Y3		OUT	Y6
STL	S24			

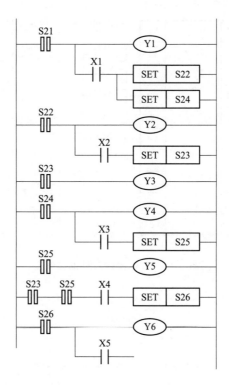

图 3-3-3　并行性分支梯形图

【任务实施】

1. I/O 分配

I/O 分配见表 3-3-1。

表 3-3-1　I/O 分配

输入		输出	
SB1	X0	HL0（东西绿灯）	Y0
SB2	X1	HL1（东西黄灯）	Y1
		HL2（东西红灯）	Y2
		HL3（南北红灯）	Y3
		HL4（南北绿灯）	Y4
		HL5（南北黄灯）	Y5

2. I/O 接线图及外部接线图

I/O 接线及外部接线图见图 3-3-4。

3. 顺序功能图

顺序功能图见图 3-3-5。

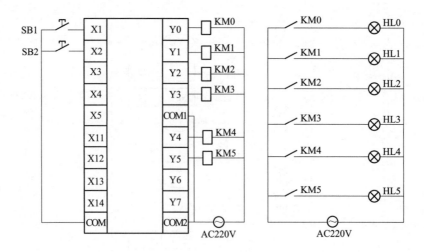

图 3-3-4 I/O 接线及外部接线图

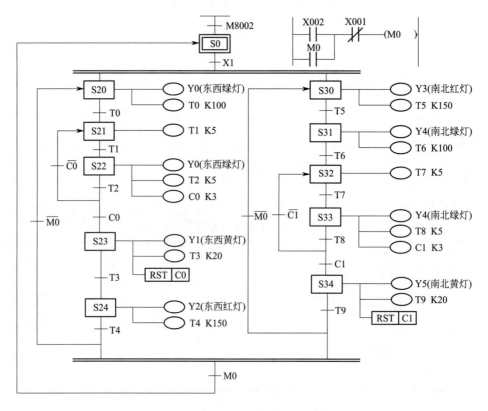

图 3-3-5 顺序功能图

4. 梯形图程序

图 3-3-6 所示为梯形图程序。

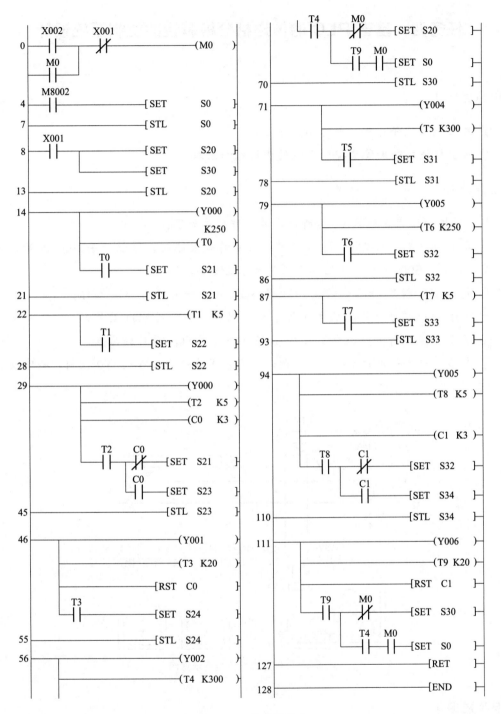

图 3-3-6　梯形图程序

任务四　基于 PLC 的传送机分检装置的控制系统设计

【学习目标】

① 掌握选择性分支与汇合的编程方法。

② 掌握传送机分检装置控制系统的步进编程思路。

【任务导入】

某传送机分检装置如图 3-4-1 所示，其动作顺序如下：

① 左上为原点，机械臂下降（当磁铁压着的是大球时，限位开关 SQ2 断开，而压着的是小球时，SQ2 接通，以此可判断是大球还是小球）；

② 大球 SQ2 断开 →将球吸住 →上升 SQ3 动作 →右行到 SQ5 动作；

③ 小球 SQ2 接通→将球吸住→上升 SQ3 动作→右行到 SQ4 动作；

④ 下降 SQ2 动作→释放→上升 SQ3 动作→左移 SQ1 动作到原点；

⑤ 左移、右移分别由 Y4、Y3 控制，上升、下降分别由 Y2、Y0 控制，将球吸住由 Y1 控制。

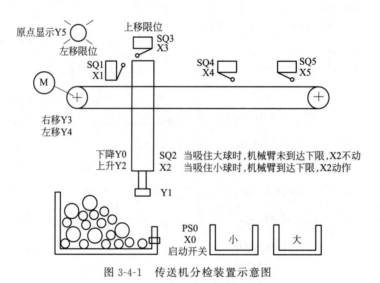

图 3-4-1　传送机分检装置示意图

【相关知识】

1. 选择性分支状态转移图

从多个流程程序中，选择执行哪一个流程称为选择性分支。选择性分支状态编程规定多选择性分支中每次只能有一个分支被开通。选择性分支状态转移图的特征是分支的选择"开关"在分支上，如图 3-4-2 所示。

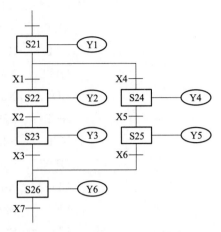

图 3-4-2　选择性分支状态转移图

2. 由状态转移图转绘选择性分支梯形图

除了遵守状态三要素的表达顺序外，由状态转移图转绘选择性分支梯形图时，简单明了的处理方法是分支与汇合都集中表达，见图3-4-3。

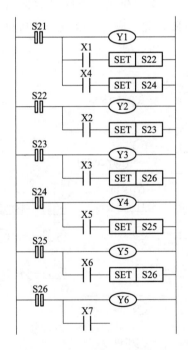

图 3-4-3　选择性分支梯形图

选择分支和汇合的编程原则是：先集中处理分支状态，然后再集中处理汇合状态。

分支选择条件 X1 和 X4 不能同时接通。程序运行到状态器 S21 时，根据 X1 和 X4 的状态决定执行哪一条分支。当状态器 S22 或 S24 接通时，S21 自动复位。状态器 S26 由 S23 或 S25 置位，同时，前一状态器 S23 或 S25 自动复位。与图对应的语句表如下：

STL	S21		OUT	Y1
LD	X1		SET	S26
SET	S22		STL	S24
LD	X4		OUT	Y4
SET	S24		LD	X5
STL	S22		SET	S25
OUT	Y2		STL	S25
LD	X2		OUT	Y5
SET	S23		LD	X6
LD	X23		SET	S26
SET	S3		LD	S26
LD	X3		SET	Y6

【任务实施】

根据工艺要求，该控制流程根据 SQ2 的状态（即对应大、小球）有两个分支，此处应为分支点，且属于选择性分支。分支在机械臂下降之后根据 SQ2 的通断，分别将球吸住、上升、右行到 SQ4 或 SQ5 处下降，此处应为汇合点，然后再释放、上升、左移到原点。其状态转移图如图 3-4-4 所示。

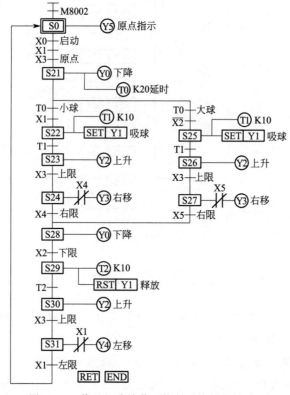

图 3-4-4 传送机分检装置控制系统状态转移图

指令表程序如下：

LD	M8002	SET	S26
SET	S0	STL	S26
STL	S0	OUT	Y2
OUT	Y5	LD	X3
LD	X0	SET	S27
AND	X1	STL	S27
AND	X3	LDI	X5
SET	S21	OUT	Y3
STL	S21	STL	S24
0UT	Y0	LD	X4
OUT	T0	SET	S28
SP	K20	STL	S27
LD	T0	LD	X5
ΛND	X2	SET	S28
SET	S22	STL	S28
LD	T0	OUT	Y0
ANI	X2	LD	X2
SET	S25	SET	S29
STL	S22	STL	S29
SET	Y1	RST	Y1
OUT	T1	OUT	T2
K10		SP	K10
LD	T1	LD	T2
SET	S23	SET	S30
STL	S23	STL	S30
OUT	Y2	OUT	Y2
LD	X3	LD	X3
SET	S24	SET	S31
STL	S24	STL	S31
LDI	X4	LDI	X1
OUT	Y3	OUT	X4
STL	S25	LD	X1
SET	Y1	OUT	S20
OUT	T1	RET	
SP	K10	END	
LD	T1		

项目训练

1. 有一小车，运行过程如图 3-1 所示。小车原位在后退行程的终端。当小车压下后限位开关 SQ1 时，按下启动按钮 SB，小车前进，当运行至料斗下方时，前限位开关 SQ2 动作，此时打开料斗给小车加料，延时 8s 后半闭料斗，小车后退返回；SQ1 动作时，打开小车底门卸料，6s 后结束，完成一次动作。如此循环下去。请用状态编程思想设计其状态转移图。

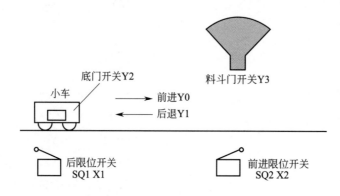

图 3-1 题图 1

2. 有三个指示灯，控制要求为：按启动按钮后，三个指示灯依次亮 1s，并不断循环，按停止按钮后，指示灯停止工作。试设计控制程序。

3. 有三个指示灯，按启动按钮后，要求：

① 第一个指示灯亮 10s 后，第二个指示灯再亮；

② 第二个指示灯亮 10s 后，第三个指示灯再亮；

③ 三个指示灯同时亮 10s 后，全部熄灭；

④ 10s 后，再开始循环工作；按停止按钮后，指示灯全部熄灭。

试设计控制程序。

4. 有三台电动机，控制要求为：

① 按下启动按钮后，M1 启动，10min 后 M2 自行启动再过 10min 后，M3 自行启动。

② 按下停止按钮后，M3 停止运转，8min 后，M2 自行停止运转，再过 8min 后，M1 自行停止运转。

运用步进指令编写控制程序，绘出状态流程图和梯形图，并写出指令语句表。

5. 电动葫芦提升机构的动负荷试验控制要求如下：自动运行时，上升 5s 后停 7s，然后下降 5s 再停 7s，反复运行 0.5h，最后发出声光报警信号，并停止运行。用状态编程法编制该系统的控制程序。

6. 设计一个用 PLC 控制的工业洗衣机的控制系统，其控制要求是：启动后洗衣机进水，高水位开关动作时开始洗涤。洗涤方式有标准和轻柔两种。

标准方式：正转洗涤 3s 停止 1s，再反转洗涤 3s 停止 1s，如此循环 3 次，洗涤结束。然后排水至低水位时进行脱水 5s（同时排水），这样就完成从进水到脱水的一个大循环。经过 3 次大循环后，洗衣机报警，2s 后自动停机。

轻柔方式：正转洗涤 3s 停止 1s，循环 3 次，洗涤结束。然后排水至低水位时进行脱水 5s（同时排水），这样就完成从进水到脱水的一个大循环。经过 2 次大循环后，洗衣机报警，2s 后自动停机。

PLC 功能指令应用

任务一　用功能指令实现七段数码管数码循环显示

【学习目标】

① 进一步掌握 STL、RET 及 15 个功能指令的功能及使用。

② 掌握七段数码管数码循环显示 PLC 控制程序的设计与调试。

③ 掌握七段数码管数码循环显示 PLC 控制系统输入输出信号的接线方法。

【任务导入】

用 PLC 实现对七段数码管 0～9 数码循环显示的控制。控制要求如下：

① 按下启动按钮 SB1，七段数码管按 0、1、2、……、9 的顺序循环显示，每个数码显示 1s。

② 停止按钮 SB2，系统立即停止工作并进入初始状态。

【相关知识】

1. FX 系列 PLC 功能指令

FX 系列 PLC 功能指令按功能号 FNC00～FNC249 编排，每条功能指令都有一个指令助记符。功能指令可处理 16 位和 32 位数据。图 4-1-1 中，第一条功能指令将 D0 中的数据送到 D1 中，处理的是 16 位数据。第二条功能指令将 D2 和 D4 中的数据送到 D5 和 D4 中，处理的是 32 位数据。

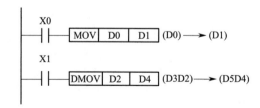

图 4-1-1　功能指令示例

FX 系列 PLC 的功能指令有连续执行型和脉冲执行型两种形式。图 4-1-2 所示程序是连续执行方式，当 X0 为 ON 状态时，指令在每个扫描周期都被重复执行。图 4-1-3 所示程序是脉冲执行方式，该指令仅在 X1 由 OFF 转为 ON 时有效。

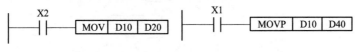

图 4-1-2　连续执行方式

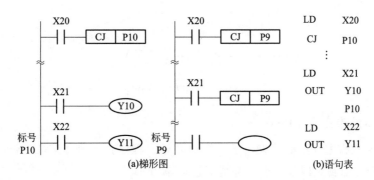

图 4-1-3　脉冲执行方式

FX 系列 PLC 功能指令中，只处理 ON/OFF 状态的元件称为位元件，处理数据的元件称为字元件，位元件可组合成字元件，进行数据处理。位元件组合由 Kn 加首元件号来表示，四个位元件为一组，组合成单元。

FX 系列 PLC 的传送、比较指令通过变址寄存器修改操作对象的元件号，其操作方式与普通数据寄存器一样。[D.] 中的点号表示可以加入变址寄存器。对 32 位指令，V 为高 16 位，Z 为低 16 位。32 位指令中用到变址寄存器时只需指定 Z，这时 Z 就代表了 V 和 Z。

2. 程序流程控制功能指令

(1) 条件跳转指令 CJ

条件跳转指令 CJ 用于跳过顺序程序某一部分的场合，以减少扫描时间，见图 4-1-4。

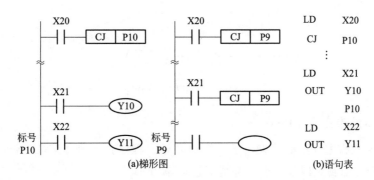

图 4-1-4　条件跳转指令 CJ

(2) 子程序调用指令 CALL 与返回指令 SRET

子程序应写在主程序之后，即子程序的标号应写在指令 FEND 之后，且子程序必须以 SRET 指令结束，见图 4-1-5。

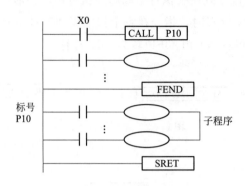

图 4-1-5　子程序调用

（3）中断返回指令 IRET、允许中断指令 EI 与禁止中断指令 DI

PLC 一般处在禁止中断状态。指令 EI～DI 之间的程序段为允许中断区间，而 DI～
EI 之间为禁止中断区间。当程序执行到允许中断区间并且出现中断请求信号时，PLC
停止执行主程序，去执行相应的中断子程序，遇到中断返回指令 IRET 时返回断点处继
续执行主程序，见图 4-1-6。

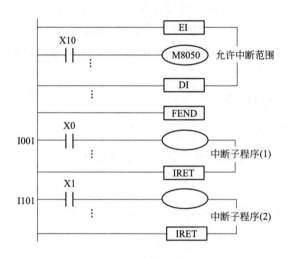

图 4-1-6　中断子程序

（4）主程序结束指令 FEND

FEND 指令表示主程序的结束，子程序的开始。程序执行到 FEND 指令时，进行输出
处理、输入处理、监视定时器刷新，完成后返回第 0 步。

FEND 指令通常与 CJ-P-FEND、CALL-P-SRET 和 I-IRET 结构一起使用（P 表示程序
指针、I 表示中断指针）。CALL 指令的指针及子程序、中断指针及中断子程序都应放在
FEND 指令之后。CALL 指令调用的子程序必须以子程序返回指令 SRET 结束。中断子程
序必须以中断返回指令 IRET 结束。

（5）监视定时器刷新指令 WDT

如果扫描时间（从第 0 步到 END 或 FEND）超过 100ms，PLC 将停止运行。在这种情况之下，应将 WDT 指令插到合适的程序步（扫描时间不超过 100ms）中刷新监视定时器。

（6）循环开始指令 FOR 与循环结束指令 NEXT

FOR 与 NEXT 之间的程序重复执行 n 次（由操作数指定）后再执行 NEXT 指令后的程序。循环次数 n 的范围为 $1\sim32767$。若 n 的取值范围为 $-32767\sim0$，循环次数作 1 处理。

FOR 与 NEXT 总是成对出现，且应 FOR 在前，NEXT 在后，FOR-NEXT 循环指令最多可以嵌套 5 层，利用 CJ 指令可以跳出 FOR-NEXT 循环体。

（7）比较指令 CMP

CMP 指令有三个操作数：两个源操作数 [S1.] 和 [S2.]，一个目标操作数 [D.]，该指令将 [S1.] 和 [S2.] 进行比较，结果送到 [D.] 中，见图 4-1-7。

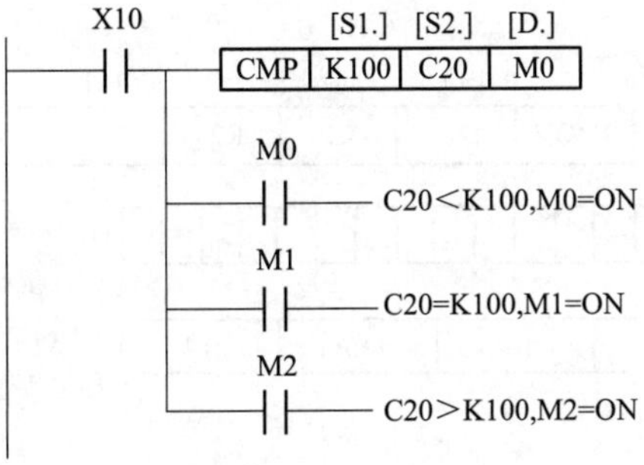

图 4-1-7　比较指令 CMP

（8）区间比较指令 ZCP

ZCP 指令是将一个操作数 [S.] 与两个操作数 [S1.] 和 [S2.] 形成的区间比较，且 [S1.] 不得大于 [S2.]，结果送到 [D.] 中。ZCP 指令使用说明见图 4-1-8。

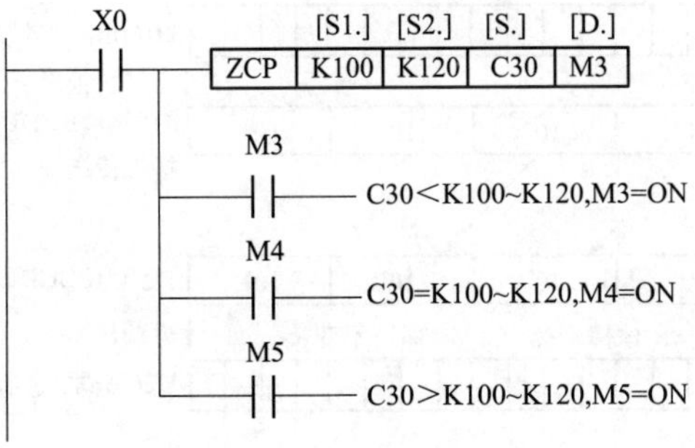

图 4-1-8　区间比较指令 ZCP

（9）传送指令 MOV

MOV 指令将源操作数的数据传送到目标元件中，即［S.］→［D.］，如图 4-1-9 所示。当 X0 为 ON 时，源操作数［S.］中的数据 K100 传送到目标元件 D10 中。当 X0 为 OFF，指令不执行，数据保持不变。

图 4-1-9　传送指令 MOV

（10）移位传送指令 SMOV

移位传送指令 SMOV 见图 4-1-10。首先将二进制的源数据（D1）转换成 BCD 码，然后将 BCD 码移位传送，实现数据的分配、组合。源数据 BCD 码右起从第 4 位（m1＝4）开始的 2 位（m2＝2）移送到目标 D2′的第 3 位（n＝3）和第 2 位，而 D2′的第 4 和第 1 两位 BCD 码不变。然后，目标 D2′中的 BCD 码自动转换成二进制数，即为 D2 的内容。BCD 码值超过 9999 时出错。

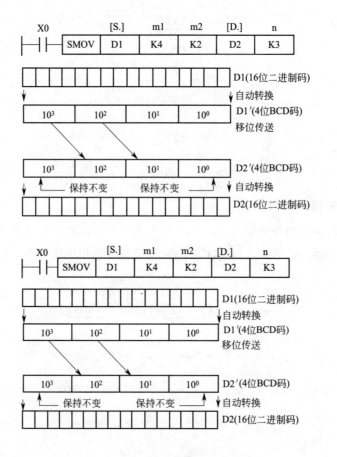

图 4-1-10　移位传送指令 SMOV

（11）取反传送指令 CML

CML 指令如图 4-1-11 所示。将源操作数中的数据（自动转换成二进制数）逐位取反后传送。

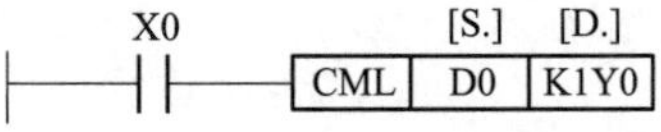

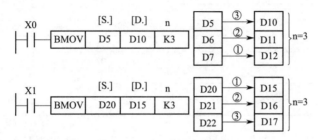

图 4-1-11　取反指令

（12）块传送指令 BMOV

BMOV 指令是将由从源操作数指定的元件开始的 n 个数组成的数据块传送到指定的目标。如果元件号超出允许的元件号范围，数据仅传送到允许的范围内。BMOV 指令的使用说明如图 4-1-12 所示。

图 4-1-12　块传送指令 BMOV

（13）多点传送指令 FMOV

FMOV 指令是将源元件中的数据传送到从指定目标开始的 n 个目标元件中，这 n 个元件中的数据完全相同。FMOV 指令见图 4-1-13。

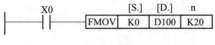

图 4-1-13　多点传送指令 FMOV

（14）数据交换指令 XCH

XCH 指令是将两个目标元件 D1 和 D2 的内容相互交换，如图 4-1-14 所示。

	交换以前	交换以后
D1	20	530
D17	530	20

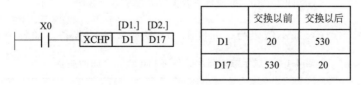

图 4-1-14　数据交换指令 XCH

（15）BCD 变换、BIN 变换指令

BCD 变换是将源元件中的二进制数转换为 BCD 码送到目标元件中。对于 16 位或 32 位二进制操作数，若变换结果超出 0～9999 或 0～99999999 的范围就会出错。

BCD 指令常用于将 PLC 中的二进制数变换成 BCD 码输出以驱动 LED 显示器。

BIN 变换是将源元件中的 BCD 码转换为二进制数送到目标元件中。常数 K 不能作为本指令的操作元件。如果源操作数不是 BCD 码就会出错。BIN 指令常用于将 BCD 数字开关的设定值输入到 PLC 中。

【任务实施】

① 根据被控对象对控制系统的要求，确定控制系统需要完成的动作及输入、输出设备，并由此确定 PLC 的输入、输出点数。

② 进行 PLC 的输入、输出分配，即把输入、输出设备分配到具体的 I/O 位，见表 4-1-1。

表 4-1-1　I/O 分配表

输入		输出	
SB1	X0	A	Y1
SB2	X1	B	Y2
		C	Y3
		D	Y4
		E	Y5
		F	Y6
		G	Y7

③ 绘制 PLC 的输入、输出接线图，如图 4-1-15 所示，并根据接线图进行输入、输出接线。

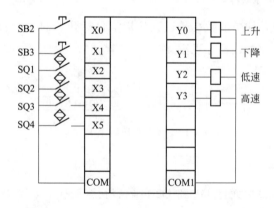

图 4-1-15　七段数码管数码循环显示接线图

④ 编写梯形图程序，显示数码与字元件 K2Y0 状态之间的关系，如表 4-1-2 所示。

表 4-1-2　显示数码与字元件 K2Y0 状态之间的关系

显示数码	K2Y0								十进制数
	Y7	Y6	Y5	Y4	Y3	Y2	Y1	Y0	
0	1	1	1	1	1	1	1	0	K126
1	0	0	0	0	1	1	0	0	K12
2	1	0	1	1	0	1	1	0	K182
3	1	0	0	1	1	1	1	0	K158
4	1	1	0	0	1	1	0	0	K204

显示数码	K2Y0								十进制数
	Y7	Y6	Y5	Y4	Y3	Y2	Y1	Y0	
5	1	1	0	1	1	0	1	0	K218
6	1	1	1	1	1	0	1	0	K250
7	0	0	0	0	1	1	1	0	K14
8	1	1	1	1	1	1	1	0	K254
9	1	1	0	1	1	1	1	0	K222

七段数码管数码循环显示状态流程图如图 4-1-16 所示，程序梯形图如图 4-1-17 所示。

⑤ 输入、修改和调试程序，最后运行。

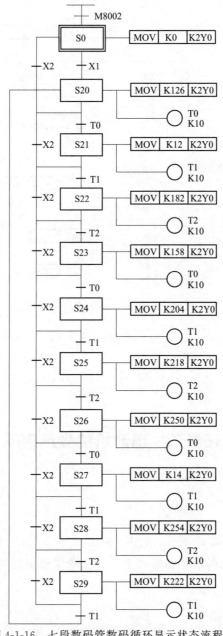

图 4-1-16　七段数码管数码循环显示状态流程图

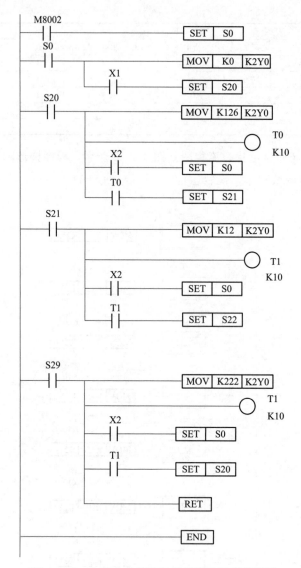

图 4-1-17   七段数码管数码循环显示程序梯形图

任务二   电动机的顺序启停

【学习目标】

掌握加法指令 ADD、减法指令 SUB、乘法指令 MUL、除法指令 DIV、加 1 指令 INC、减 1 指令 DEC、字逻辑运算指令的用法。重点掌握功能指令中的 ADD 和 SUB 用法。

【任务导入】

某生产流水线有 6 台电动机。按下启动按钮 SB1 后 1 号、2 号、3 号电动机启动；

5s 后 4 号、5 号、6 号电动机启动；10s 后 1 号、2 号、3 号电动机停止。按下停止按钮 SB2 后 4 号、5 号、6 号电动机停止。电动机主接线图如图 4-2-1 所示。试用 ADD、SUB 指令编写控制程序。

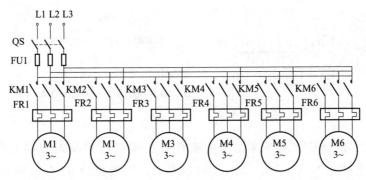

图 4-2-1　生产流水线电动机主接线图

【相关知识】

1. 加减法指令

加法指令：FNC20　ADD。

减法指令：FNC21　SUB。

操作数：① [S1]、[S2]：K、H、KnX、KnY、KnM、KnS、T、C、D、V，Z；

　　　　② [D]：KnY、KnM、KnS、T、C、D、V，Z。

梯形图格式见图 4-2-2。

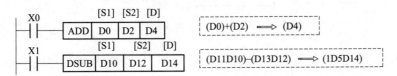

图 4-2-2　加减法指令

说明：

① 加减运算指令中数据的最高位为符号位。

② 进行 16 位加减运算时，数据范围为 $-32768 \sim +32767$；32 位运算时，数据范围为 $-2147483648 \sim +2147483647$。

③ 运算结果为 0 时，零标志置位（M8020＝1）；运算结果大于 $+32767$（或 $+2147483647$）时，进位标志置位（M8022＝1）；运算结果小于 -32768（或 -2147483648）时，借位标志置位（M8021＝1）。

2. 乘除法指令

乘法指令：FNC22　MUL。

除法指令：FNC23　DIV。

乘除法指令操作数：① [S1]、[S2]：K、H、KnX、KnY、KnM、KnS、T、C、D、V，Z；

② [D]：KnY、KnM、KnS、T、C、D、V，Z。

梯形图程序格式见图 4-2-3。

图 4-2-3　乘除法指令

注意，MUL 指令是将两个源元件中的数据的乘积送到指定目标元件。如果为 16 位数乘法，则乘积为 32 位；如果为 32 位数乘法，则乘积为 64 位。数据的最高位是符号位。

3. 加 1 减 1 指令

加 1 指令：FNC24　INC。

减 1 指令：FNC25　DEC。

操作数 [D]：KnY、KnM、KnS、T、C、D、V、Z。

梯形图格式见图 4-2-4。

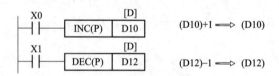

图 4-2-4　加 1 减 1 指令

INC、DEC 指令操作数只有一个，且不影响零标志、借位标志和进位标志。

注意，在 16 位运算中，32767 再加 1 就变成了-32768；32 位运算时，2147483647 再加 1 就变成-2147483648。DEC 指令与 INC 指令处理方法类似。

4. 字逻辑运算指令

逻辑与指令：FNC26　WAND。

逻辑或指令：FNC27　WOR。

逻辑异或指令：FNC28　WXOR。

操作数：① [S1]、[S2]：K、H、KnX、KnY、KnM、KnS、T、C、D、V，Z；

② [D]：KnY、KnM、KnS、T、C、D、V、Z。

梯形图格式见图 4-2-5。

5. 求补指令 (FNC19　NEG)

操作数 [D]：KnY、KnM、KnS、T、C、D、V，Z。

梯形图格式见图 4-2-6。

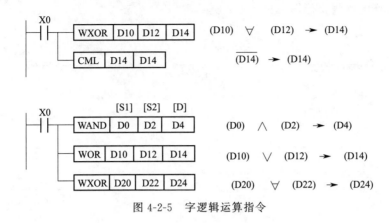

图 4-2-5　字逻辑运算指令

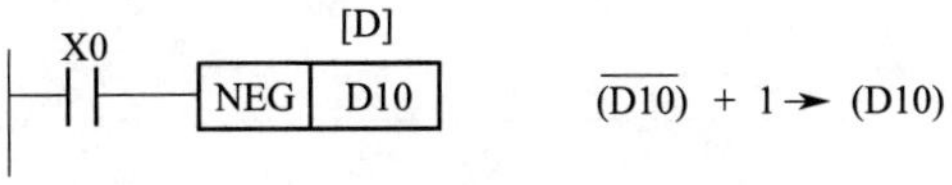

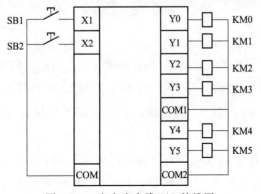

图 4-2-6　求补指令

说明：求补指令是把二进制数各位取反再加 1 后，送入目标操作数 [D] 中。实际是绝对值不变的变号操作；PLC 的负数以二进制的补码形式表示，其绝对值可以通过求补指令求得。

【任务实施】

① 设计生产流水线 I/O 分配表，见表 4-2-1。

表 4-2-1　I/O 分配表

输入		输出	
SB1	X0	KM0	Y0
SB2	X1	KM1	Y1
		KM2	Y2
		KM3	Y3
		KM4	Y4
		KM5	Y5

② 设计生产流水线 I/O 接线图，如图 4-2-7 所示，并根据接线图连接电路。

图 4-2-7　生产流水线 I/O 接线图

③ 编制生产流水线梯形图，见图 4-2-8。

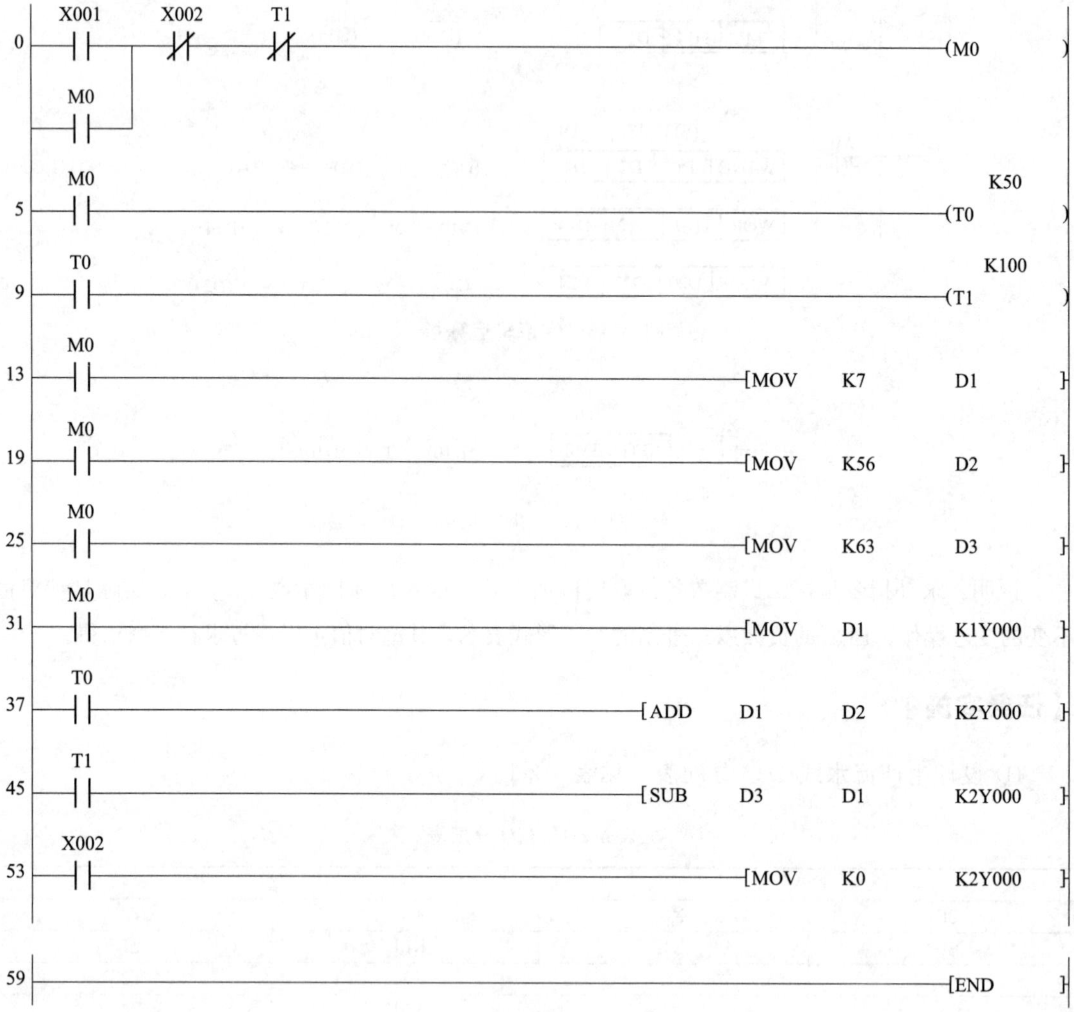

```
        X001    X002    T1
   0 ────┤├──┬──┤/├────┤/├─────────────────────────────(M0    )
             │
        M0   │
       ─┤├───┘

        M0                                              K50
   5 ────┤├──────────────────────────────────────────(T0    )

        T0                                             K100
   9 ────┤├──────────────────────────────────────────(T1    )

        M0
  13 ────┤├──────────────────────────────[MOV   K7      D1    ]

        M0
  19 ────┤├──────────────────────────────[MOV   K56     D2    ]

        M0
  25 ────┤├──────────────────────────────[MOV   K63     D3    ]

        M0
  31 ────┤├──────────────────────────────[MOV   D1    K1Y000  ]

        T0
  37 ────┤├───────────────────────[ADD    D1      D2   K2Y000 ]

        T1
  45 ────┤├───────────────────────[SUB    D3      D1   K2Y000 ]

        X002
  53 ────┤├──────────────────────────────[MOV   K0    K2Y000  ]

  59 ───────────────────────────────────────────────────[END  ]
```

图 4-2-8　生产流水线梯形图

项目训练

1. 某控制设备要求当 X0 为 ON 时，将计数器 C0 的当前值转换为 BCD 码后送到 Y0～Y7 中，C0 的输入脉冲和复位信号分别由 X1 和 X2 提供，试设计出梯形图程序。

2. 设计用一个按钮 X0 控制 Y0 的电路，第一次按下按钮时 Y0 变为 ON，第二次按下按钮时 Y0 变为 OFF。

3. 设计一段梯形图程序，当输入条件满足时，依次将计数器 C0～C9 的当前值转换成 BCD 码送到输出元件 K4Y0 中。　（提示：用一个变址寄存器 Z，首先（Z）=0，每次（K4Y0）=（C0Z），（Z）=（Z）+1，当（Z）=10 时，Z 复位，从头开始）

4. 试用 ALT 指令设计用按钮 X0 控制 Y0 的电路，每当 X0 输入 4 个脉冲，从 Y0 输出一个脉冲。

5. 某控制程序要求为：当 X1 为 ON 时，采用定时中断每隔 1s 将 Y0～Y3 组成的位元件组 KIY0 加 1，试设计主程序和中断子程序。

6. 某设备有 16 个彩灯，分别接在 Y0～Y15 上，用 X0 控制 16 个彩灯的移位，每 1s 移 1 位，用 X1 控制左移还是右移，用 MOV 指令将彩灯的初始值设定为十六进制数 000F（仅 Y0～Y3 为 1），试设计梯形图程序。

PLC 与变频器的综合应用

变频器调速技术是集自动控制、微电子、电力电子、通信等技术于一体的技术，它以很好的调速、节能性能在各行各业中获得了广泛应用。随着工业的快速发展，变频器新技术、新产品层出不穷，作为从事自动化相关行业的技术人员，掌握变频器技术是必需的。

变频器调速技术是电气传自动化中的一门核心技术，熟悉变频器、应用变频器已是现代电工必备技能。变频器应用技术实用性强，职业特色明显，牵涉到的专业知识很多。本项目从应用的角度出发，采取"阶段性、梯次递进"的由简到难的原则，以学习领域为平台，以学习情境为主线，以项目为载体，通过教师指导学生开展自主学习，完成工作任务实现对工作过程的认识和对完成工作任务的体验。

任务一　用 PLC 与变频器控制电动机的正反转

【学习目标】

① 熟悉 FR-DU07 型操作面板。

② 掌握变频器的接线端子。

③ 掌握变频器的基本参数。

④ 掌握变频器的运行控制方式。

【任务导入】

① 按下启动按钮 SB1，电动机正转，正转频率为 45Hz，这时绿色指示灯 HL1 点亮；5s 后，电动机反转，反转频率为 15Hz，这时红色指示灯 HL2 点亮；10s 后电动机又转为正转，以后周而复始。

② 按下停止按钮 SB2，电动机停止运行。

③ 当变频器或电动机发生过流、过压时，红色报警灯 HL3 闪烁 10 次结束报警。

【相关知识】

一、三菱 FR-A700 型变频器操作面板

三菱 FR-A700 变频器外形如图 5-1-1 所示，合上电源开关，变频器上电（R1、S1 接通电源），操作面板的 LED 显示屏显示"0.00"，同时监视模式指示灯 MON、外部模式指示灯 EXT、频率指示灯 Hz 点亮，此时，变频器工作在"监视模式"。

图 5-1-1　三菱 FR-A700 变频器外形

图 5-1-2 所示为三菱 FR-A700 操作面板。

① PU/EXT 键为三种运行模式的切换键，切换顺序：

$$EXT \longrightarrow PU \longrightarrow PU\ 点动$$

EXT——外部运行模式，即变频器的运行频率设定和启动、停止全部依靠其外部的接线端子来控制，此时 EXT 指示灯点亮。

PU——PU 连续运行模式，即变频器的运行频率设定和启动、停止完全依靠其操作面板来控制，此时变频器连续运行，PU 指示灯点亮。

PU 点动——PU 点动运行模式，即变频器的运行频率设定和启动、停止完全依靠其操作面板来控制，此时变频器点动运行，PU 指示灯点亮，LED 显示屏显示"JOG"。

变频器的运行模式也可以通过其参数 Pr79 设定：Pr79＝1 为 PU 模式，Pr79＝2 为 EXT 模式，Pr79＝3 为组合模式 1，Pr79＝4 为组合模式 2。

② MODE 键为参数设定模式与报警清除模式切换键，切换顺序：

$$0.00 \longrightarrow P.0 \longrightarrow E$$

0.00——监视模式；

P.0——参数设定模式；

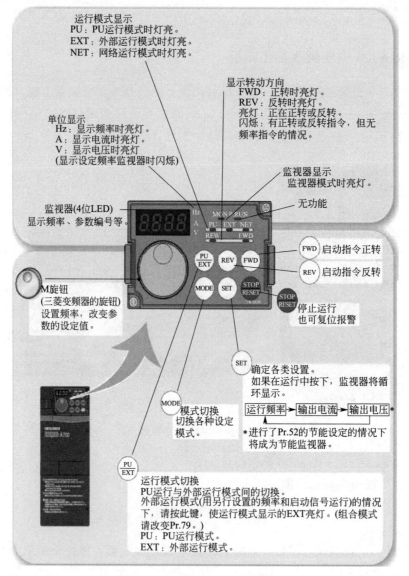

运行模式显示
PU：PU运行模式时灯亮。
EXT：外部运行模式时灯亮。
NET：网络运行模式时灯亮。

显示转动方向
FWD：正转时亮灯。
REV：反转时亮灯。
亮灯：正在正转或反转。
闪烁：有正转或反转指令，但无
频率指令的情况。

单位显示
Hz：显示频率时亮灯。
A：显示电流时亮灯。
V：显示电压时亮灯
（显示设定频率监视器时闪烁）

监视器显示
监视器模式时亮灯。

监视器(4位LED)
显示频率、参数编号等。

无功能

FWD 启动指令正转

REV 启动指令反转

M旋钮
(三菱变频器的旋钮)
设置频率，改变参
数的设定值。

STOP
RESET
停止运行
也可复位报警

SET
确定各类设置。
如果在运行中按下，监视器将循
环显示。

运行频率 → 输出电流 → 输出电压*

*进行了Pr.52的节能设定的情况下
将成为节能监视器。

MODE
模式切换
切换各种设定
模式。

PU
EXT
运行模式切换
PU运行与外部运行模式间的切换。
外部运行模式(用另行设置的频率和启动信号运行)的情况
下，请按此键，使运行模式显示的EXT亮灯。(组合模式
请改变Pr.79。)
PU：PU运行模式。
EXT：外部运行模式。

图 5-1-2   三菱 FR-A700 操作面板

E——报警清除模式。

参数设定模式可设定的参数包括：Pr.0～Pr.991（参数设置）；Pr.CL（参数清除）；PrLLC（参数全部清除）；Er.CL（错误清除）；PCPy（参数拷贝，即把设定的参数复制到另一只变频器中）等。

③ M 旋钮用来设置频率，改变参数的设定值。

④ SET 键为确认键，读出参数值，确认频率与参数的设定值。在监视模式下和运行中，反复按 SET 时转换顺序为：

HZ → A → V

例：PU 运行模式，设定运行频率 40Hz，设定 Pr.79＝2（EXT 灯亮），设定 Pr.79＝1（PU 灯亮），此时操作面板上的 PU/EXT 键不起作用。

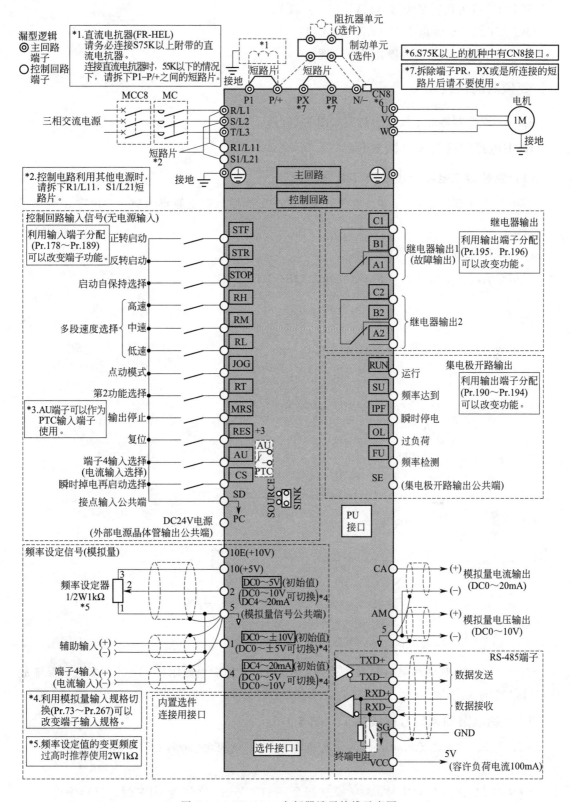

图 5-1-3　FR-A700 变频器端子接线示意图

⑤ FWD 键为正转指令键（FWD 指示灯亮）。

⑥ REV 键为反转指令键（REV 指示灯亮）。

⑦ STOP/RESET 键为停止与复位键。

二、变频器的接线端子

FR-A700 变频器端子接线示意图如图 5-1-3 所示。

1. 主电路接线端子（图 5-1-4）

（1）变频器主电源接线端子（R，S，T）

三相交流电路 L1、L2、L3→空气开关 QF→交流接触器主触点 KM→主电源接线端子 R、S、T。

（2）辅助电源接线端（R1，S1）

三相交流电路 L1、L2、L3→空气开关 QF→R1、S1。

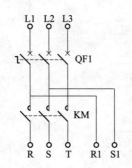

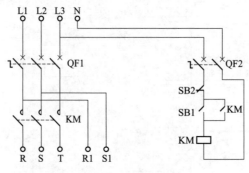

图 5-1-4　主电路接线端子

当交流接触器 KM 跳闸断开 R、S、T 主电路后，辅助电路 R1、S1 仍然接通，保证故障信号仍然显示。

2. 控制电路输入信号接线端子（图 5-1-5）

STF 与 SD 之间为 ON 时，输入正转指令；STF 与 SD 之间为 OFF 时，正转停止。SD 为输入公共点。

STR 与 SD 之间为 ON 时，输入反转指令；STF 与 SD 之间为 OFF 时，反转停止。

STF、STR 启动自保持，当 STOP 与 SD 之间为 ON 时，STF 与 STR 的输入信号自保持，见图 5-1-6。

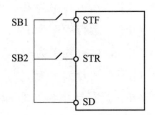

图 5-1-5　输入信号接线端子

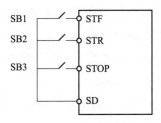

图 5-1-6　启动自保持

RH、RM、RL 用于多种速度选择，见图 5-1-7。

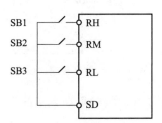

图 5-1-7　多种速度选择

- 当 RH＝ON，RM＝RL＝OFF 时，运行频率为 f1（高速），f1 具体数值由参数 Pr.4 设定。
- 当 RM＝ON，RH＝RL＝OFF 时，运行频率为 f2（中速），f2 具体数值由 Pr.5 参数设定。
- 当 RL＝ON，RH＝RL＝OFF 时，运行频率为 f3（低速），f3 具体数值由 Pr.6 参数设定。
- 当 RM＝RL＝ON，RH＝OFF 时，运行频率为 f4，f4 具体数值由参数 Pr.24 设定。
- 当 RL＝RH＝ON，RM＝OFF 时，运行频率为 f5，f5 具体数值由参数 Pr.25 设定。
- 当 RH＝RM＝ON，RL＝OFF 时，运行频率为 f6，f6 具体数值由参数 Pr.26 设定。
- 当 RH＝RM＝RL＝ON 时，运行频率为 f7，f7 具体数值由参数 Pr.27 设定。

CS 用于瞬时掉电再启动，当 CS 与 SD 之间为 ON，且 Pr.186＝8 时：

- CS＝ON，RH＝RM＝RL＝OFF，运行频率为 f8，由 Pr.232 设定；
- CS＝RL＝ON，RH＝RM＝OFF，运行频率为 f9，由 Pr.233 设定；
- CS＝RM＝ON，RH＝RL＝OFF，运行频率为 f10，由 Pr.234 设定；
- CS＝RM＝RL＝ON，RH＝OFF，运行频率为 f11，由 Pr.235 设定；
- CS＝RH＝ON，RM＝RL＝OFF，运行频率为 f12，由 Pr.236 设定；
- CS＝RH＝RL＝ON，RM＝OFF 运行频率为 f13，由 Pr.237 设定；
- CS＝RH＝RM＝ON，RL＝OFF 运行频率为 f14，由 Pr.238 设定；
- CS＝RH＝RM＝RL＝ON，运行频率为 f15，由 Pr.239 设定。

JOG 用于点动模式（与 PU 点动模式不同，频率由参数 Pr.15 设定），当 JOG 与 SD 之间为 ON 时，在 EXT 运行模式下变频器点动运行，STF、STR 与 SD 之间为 ON 时变频器输出运行频率，STF、STR 之间为 OFF 时变频器停止输出运行频率。点动运行频率的数值由 Pr.15 参数设定，Pr.15 的初始值为 5Hz。

SD 为输入公共端子。REC 用于保护动作复位（过流、过压、失速、过热等）。

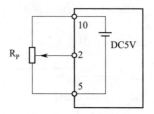

图 5-1-8　最高频率的设定

"10""2""5"端子用于模拟量调频时最高频率的设定，见图 5-1-8，其中 R_P 为电位器，用于调节变频器的设定频率。

当 U_{2-5}＝5V 时，变频器输出的频率最高，最高频率的数值通过参数 Pr.125 设定。初始值为 50Hz。当 U_{2-5}＝0V 时，输出频率为 0Hz。

3. 控制电路输出信号接线端子

① A、B、C——报警输出端子，当变频器出现过流、过压、失速过热等异常情况时，输出报警信号，见图 5-1-9。

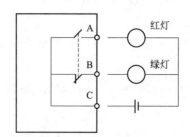

图 5-1-9　报警输出端子

② RUN——变频器正在运行指示，见图 5-1-10。

③ SU——频率到达指示，见图 5-1-10。

④ OL——过负荷报警指示，见图 5-1-10。

⑤ SE——输出公共端，见图 5-1-10。

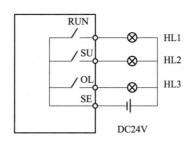

图 5-1-10 输出信号接线端子

三、变频器的基本参数

① Pr.0——转矩提升，变频器输出频率为 0Hz 时的输出电压。用百分数表示，初始值为 3%～6%（额定频率时为 100%）。Pr.0 的设定值越大，则电动机的启动转矩越大，但启动电流随之增加。一般 Pr.0＝10%。

② Pr.1、Pr.2——上限频率与下限频率，限制电动机的最高转速与最低转速。Pr.1 的初始值为 120Hz，Pr.2 的初始值为 0Hz。当 Pr.1 参数设定为 0Hz 时，M 旋钮失灵，其他频率不能设定。

③ Pr.3——调整电动机的额定转速，Pr.3 初始值为 50Hz（一般设定为电动机额定频率）。

④ Pr.4～Pr.6，Pr.24～Pr.27——多段速运行参数。

当 RH＝ON，RM＝RL＝OFF 时，变频器输出 Pr.4 设定的频率，电动机在 Pr.4 设定的频率 f1 下运行。

当 RM＝ON，RH＝RL＝OFF 时，变频器输出 Pr.5 设定的频率，电动机在 Pr.5 设定的频率 f2 下运行。

当 RL＝ON，RH＝RM＝OFF 时，变频器输出 Pr.6 设定的频率，电动机在 Pr.6 设定的频率 f3 下运行。

当 RM＝RL＝ON，RH＝OFF 时，变频器输出 Pr.24 设定的频率，电动机在 Pr.24 设定的频率 f4 下运行。

当 RH＝RL＝ON 时，变频器输出 Pr.25 设定的频率，电动机在 Pr.25 设定的频率 f5 下运行。

当 RH＝RM＝ON 时，变频器输出 Pr.26 设定的频率，电动机在 Pr.26 设定的频率 f6 下运行。

当 RH＝RM＝RL＝ON 时，变频器输出 Pr.27 设定的频率，电动机在 Pr.27 设定的频率 f7 下运行。

⑤ Pr7，Pr.8——加减速时间。Pr.7 设定电动机从 0Hz 加速到运行频率的加速时间，Pr.8 设定电动机从运行频率减速到 0Hz 的减速时间。Pr.7 和 Pr.8 的初始值均为 5s。

⑥ Pr. 9——电子过流保护。Pr. 9 的设定值一般为电动机额定电流的 1～1.2 倍。

⑦ Pr. 13——启动频率，初始值为 0.5Hz。

⑧ Pr. 15——点动运行频率，初始值为 5Hz。点动运行有两种操作方法：PU-JOG 点动和 EXT-JOG 点动。

⑨ Pr. 16——点动加减速时间，初始值为 0.5s。

⑩ Pr. 77——参数写入选择，初始值为 0。Pr. 77＝0 时，仅限于停止时可以写入；Pr. 77＝1 时，参数不能写入；Pr. 77＝2 时，可在运行状态下写入。

⑪ Pr. 78——电动机转向选择，初始值为 0。Pr. 78＝0 时，可正反转；Pr. 78＝1 时，不可反转；Pr. 78＝2 时，不可正转。

⑫ Pr. 79——运行模式选择，初始值为 0。Pr. 79＝0 时，可在 PU 与 EXT 之间转换；Pr. 79＝1 时，PU 运行模式；Pr. 79＝2 时，EXT 运行模式；Pr. 79＝3 时，PU/EXT 组合模式 1，通过操作面板设定运行频率，由外部信号控制启动、停止（STF 或 STR 及 STOP）；Pr. 79＝4 时，PU/EXT 组合模式 2，由外部信号设定运行频率（如 RH、RM、RL 或 RP、JOG 等），通过操作面板控制启动停止（FWD、REV、STOP/RESET）。

⑬ Pr. 125——电位器 R_P 在最大电阻值时输出频率设定，初始值为 50Hz。

【任务实施】

一、PU 运行（运行频率设定及启停操作均在操作面板上完成）

1. PU 连续运行

① 上电。

② 由 PU/EXT 选择 PU 运行模式（或设 Pr. 79＝1）。

③ 利用 M 旋钮设定运行频率（如：设定运行频率为 30Hz）。

④ 在数值"30Hz"闪烁时按下 SET 键确认。

⑤ 按 FWD 键，电动机正转，运行频率为 30Hz。

⑥ 按 REV 键，电动机反转，运行频率为 30Hz。

⑦ 按 STOP/RESET 键，电动机停止运行。

注：可以在运行时改变运行频率。

2. PU 点动运行

① 上电。

② 由 PU/EXT 选择 PU 点动运行（或设 Pr. 79＝1，此时 LED 显示 JOG）。

③ 利用 M 旋钮设定运行频率（如设定运行频率为 20Hz，或设定 Pr. 15＝20Hz）。

④ 按下 FWD 键，电动机正转，运行频率为 20Hz；松开 FWD 键，电动机停止。

⑤ 按下 REV 键，电动机反转，运行频率为 20Hz；松开 REV 键，电动机停止。

二、EXT 外部运行

EXT 外部运行时，设定运行频率、变频器启动、停止均由外部端子完成。EXT 外部运行有三种情况。

1. 模拟量调速

运行频率由 R_P 设定（Pr.125＝50Hz，初始值）。

① 上电。

② 由 PU/EXT 键选择 EXT 运行模式（或设 Pr.79＝2）。

③ 设置 STOP＝ON。

④ 按下 STF 或 STR 键，此时 FWD 或 REV 指示灯闪烁。

⑤ 调节 R_P，可使电动机在不同频率（0～50Hz）下正转或反转。

⑥ 设置 STOP＝OFF，电动机停转。

通过设定 Pr.125＝60Hz 或 40Hz，使电动机在 0～60Hz 或 0～40Hz 下运行。在 STOP＝OFF 状态下，按下 STF，电动机正转，松开 STF，电动机停转；按下 STR，电动机反转，松开 STR，电动机停转。

2. 点动（冲动）运行

运行频率由 JOG 端口（输入频率信号）及参数 Pr.15 设定。

① 上电。

② 由 PU/EXT 选择 EXT 运行模式（或设 pr.79＝2）。

③ 设置 JOG＝ON，此时 LED 显示 "JOG"。

④ 设定 Pr.15＝10Hz（运行频率由 JOG 及 Pr.15 设定），按下 STF 或 STR 键，电动机在 10Hz 下正转或反转，松开 STF 或 STR 键，电动机停转。

3. 运行频率参数设定

通过 RH、RM、RL 及 CS 设定运行频率（Pr.186＝8，启停由 STF、REV、STOP 设定）。

① 上电。

② 由 PU/EXT 选择 EXT 运行模式（或设 Pr.79＝2）。

③ 设定 Pr.4＝50Hz，Pr.5＝45Hz，Pr.6＝40Hz，Pr.24＝35Hz，Pr.25＝30Hz，Pr.26＝25Hz，Pr.27＝20Hz。

④ 设定 STOP＝ON（若 STOP＝OFF，则外部端子 STF 或 STR 输入为 ON 时电动机运行，为 OFF 时电动机停转）。

⑤ 按下 STF 或 STR 键，此时 FWD 或 REV 指示灯闪烁。

⑥ 按下 RH，电动机在 50Hz 频率下运行，松开 RH 时电动机停转。

⑦ 按下 RM，电动机在 45Hz 频率下运行，松开 RM 时电动机停转。

⑧ 按下 RL，电动机在 40Hz 频率下运行，松开 RL 时电动机停转。

⑨ 按下 RM、RL，电动机在 35Hz 频率下运行，松开 RM 及 RL 时电动机停转。

⑩ 按下 RH、RL，电动机在 30Hz 频率下运行，松开 RH 及 RL 时电动机停转。

⑪ 按下 RH、RM，电动机在 25Hz 频率下运行，松开 RH 及 RM 时电动机停转。

⑫ 按下 RH、RM、RL，电动机在 20Hz 频率下运行，松开 RH、RM、RL 时电动机停转。

⑬ 设定 CS＝ON，Pr.186＝8，运行频率由 Pr.232、Pr.233、Pr.234、Pr.235、Pr.236、Pr.237、Pr.238、Pr.239 设定，则电动机可增加 8 种速度。

三、组合运行模式 1（PU/EXT 模式）

通过操作面板设定运行频率，通过外部端子 STF、STR 及 STOP 控制电动机的启停。

① 上电。

② 设定 Pr.79＝3。

③ 设定 STOP＝ON，STF 或 STR＝ON，则电动机正转或反转，可在电动机运行中用 M 旋钮改变运行频率。STOP＝OFF 时，若 STR＝ON，则电动机反转，若 STR＝OFF，则电动机停转。

四、组合运行模式 2（EXT/PU 模式）

运行频率由外部接线端子设定，启动、停止由操作面板上 FWD、REV、STOP/RESET 键确定。

(1) 运行频率由 R_P 设定

① 上电。

② 设 Pr.79＝4。

③ 按下面板上的 FWD 或 REV 键。

④ 调整 R_P，输入设定频率，电动机在不同频率下正转或反转。

⑤ 按下 STOP/RESET，电动机停转。

(2) 运行频率由 JOG 端子及参数 Pr.15 设定

① 上电。

② 设 Pr.79＝4。

③ JOG＝ON，设定 Pr.15 的具体数值，如：Pr.15＝5Hz。

④ 按下 FWD 或 REV，电动机按照 Pr.15 设定的频率运行。

⑤ 按下 STOP /RESET，电动机停转。

(3) 运行频率由 RH 、RM、RL、CS 及参数 Pr.4～Pr.239 确定

① 上电。

② 设 Pr.79＝4。

③ 设定 Pr.4～Pr.239 的参数值。

④ 按下 FWD/REV。

⑤ 按下 RH/RM/RL…，电动机在不同的设定频率下运行。

⑥ 按下 STOP/RESET，电动机停止。

五、电机变频控制系统设计

首先编制 I/O 表，见表 5-1-1。

表 5-1-1　I/O 表

输入		输出	
SB1	X1	STF	Y0（正转控制）
SB2	X2	STR	Y1（反转控制）
AC	X3	RH	Y2（正转频率）
		RM	Y3（反转频率）
		HL1	Y4（正转指示）
		HL2	Y5（反转指示）
		HL3	Y6（报警指示）
		KM	Y7（变频器电源）

绘制电机变频控制主电路与 I/O 接线图，如图 5-1-11 所示。

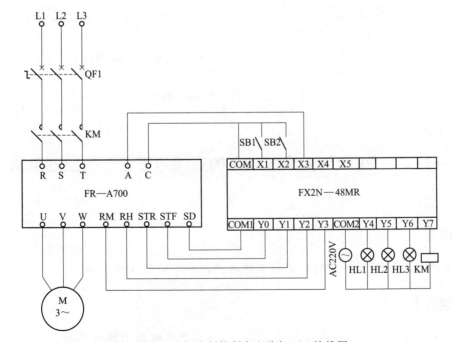

图 5-1-11　电机变频控制主电路与 I/O 接线图

绘制电机变频控制梯形图，见图 5-1-12。

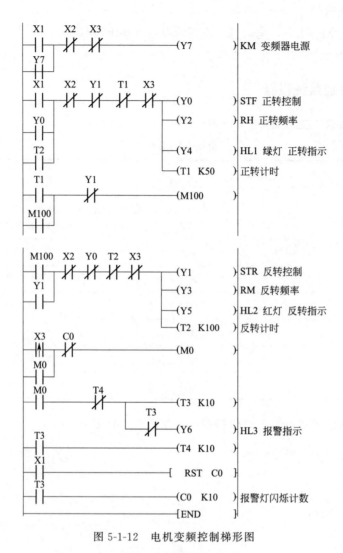

图 5-1-12　电机变频控制梯形图

任务二　PLC 与变频器组合的变频与工频切换控制电路

【学习目标】

掌握 PLC 与变频器组合的变频与工频切换控制电路的设计方法。

【任务导入】

一台电动机正常工作时的运行频率为 35Hz，当变频器出现故障时，电动机自动切换到工频 50Hz 运行。变频运行时绿色指示灯 HL1 亮，工频运行时红色指示灯 HL2 亮，且工频运行时用 FR 进行过载保护。

【相关知识】

交流异步电动机被广泛应用于各行各业，在采用变频调速控制系统时，经常需要将变频器和工频电源进行切换，切换的主要类型为故障切换和多机系统切换。在很多生产机械运行过程中，电动机是不允许停止运行的，如纺织及化工厂的排风机、锅炉的鼓风机和引风机等。在变频器投入运行过程中，一旦变频器发生故障而跳闸，电动机必须能够快速地切换到工频电源上运行。多泵供水系统中，常用一台变频器控制多台水泵，通常称为1拖N，该系统也需要变频器到工频电源的切换。有些场合为了节能而应用变频器拖动负载，如果变频器达到50Hz时就失去节能的作用，应将变频器切换到工频运行。

在实际应用中进行变频—工频切换时，常出现变频炸机，出现空开跳闸的情况，为此，应注意以下几个问题。

① 要切换工频的电机，停车方式设定为自动停车，切忌不能软停车；

② 从变频器输入端切断电机的接触器，其控制中止按钮与变频器停车按钮为同一复合按钮，即按停车按钮时，接触器线圈断电，切断电机与变频器；

③ 从变频器输入端切断电机的接触器，其控制启动按钮与变频器启动按钮联锁，即启动接触器接通电机后，变频器方可启动；

④ 电动机接入工频的接触器，其线圈控制回路由变频器输入端切断电机的接触器的常闭触点控制，保证变频器输入端切断电机后接入工频；

⑤ 电动机接入工频的相序要保证电机切换后转向正确。

【任务实施】

1. 变频/工频切换控制 I/O 分配

变频/工频切换控制 I/O 分配见表 5-2-1。

表 5-2-1　I/O 分配表

输入		输出	
SB1	X1(变频启动)	KM0	Y0(变频器电源)
SB2	X2(变频停止)	KM1	Y1(变频时电动机电源)
SB3	X3(工频停止)	KM2	Y2(工频时电动机电源)
FR	X4(工频过载保护)	HL1	Y3(变频运行指示)
AC	X5(变频器异常)	HL2	Y4(工频运行指示)
		STF	Y5(变频正转控制)
		RL	Y6(变频频率控制)

2. 绘制变频/工频切换控制主电路与 I/O 接线图

变频/工频切换控制主电路与 I/O 接线图见图 5-2-1。

3. 编制变频/工频切换控制 PLC 梯形图

变频/工频切换控制 PLC 梯形图见图 5-2-2。

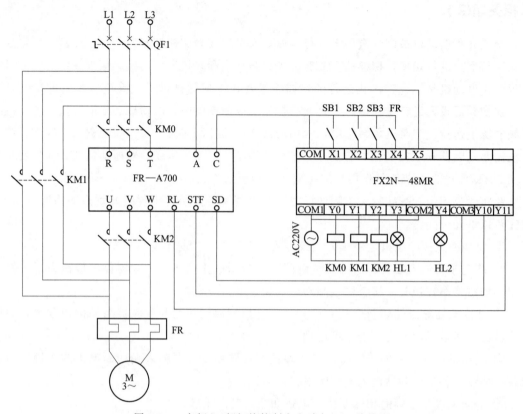

图 5-2-1 变频/工频切换控制主电路与 I/O 接线图

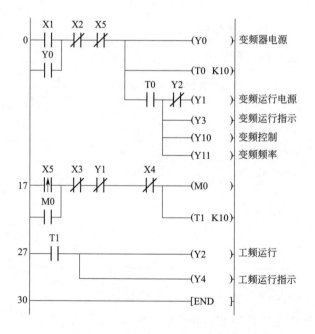

图 5-2-2 变频/工频切换控制梯形图

项目训练

1. 简述三菱 FR-A700 变频器操作面板各按钮的功能。
2. 试述变频器在点动和多段速度运行时的区别。
3. 试设置变频器的点动运行频率为 15Hz。

项目六

PLC 与触摸屏的使用

随着信息社会的到来，组态软件和触摸屏作为自动化技术中极其重要的一个部分，正突飞猛进地发展着，组态软件和触摸屏新技术、新产品层出不穷。基于组态软件和触摸屏的人机界面技术是自动化控制技术的重要组成部分，也是自动化领域的技术型人才所必须掌握的基本内容。

任务　基于 PLC 的小型货物升降控制系统

【学习目标】

学会利用 PLC 和触摸屏设计控制系统。

【任务导入】

本任务设计一个基于 PLC 的小型货物升降控制系统（见图 6-1-1 和图 6-1-2），通过此任务掌握触摸屏的应用。小型货物升降控制系统控制要求如下：

① 升降过程控制中，要求有一个由慢到快再由快到慢的过程，各段运行速度如图 6-1 所示。

② 当升降机的吊笼位于下限位 SQ1 时，按下提升按钮 SB2，升降机以较低的速度

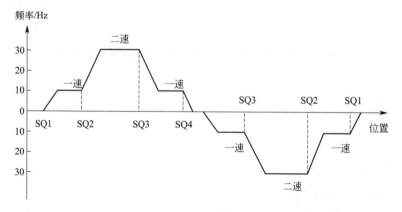

图 6-1　小型货物升降控制系统运行速度示意图

10Hz 开始上升。

③ 上升到变速位置 SQ2 时，升降机以二速 30Hz 的速度开始加速上升。

④ 上升到变速位置 SQ3 时，升降机开始降低速度，以一速 10Hz 运行，直到上限位 SQ4 处停止。

⑤ 当升降机的吊笼位于上限位 SQ4 时，按下下降按钮 SB3，升降机以一速 10Hz 缓慢下降。

⑥ 当下降到变速位 SQ3 时，升降机开始加速，以二速 30Hz 的速度快速下降，直到变速位 SQ2，升降机减速到一速 10Hz 运行，直到下限位 SQ1 停止。图 6-2 中，SQ1～SQ4 为行程开关或接近开关，用于位置检测。

⑦ 采用触摸屏界面，要求有启动停止按钮和升降机高速、低速、上升、下降的运行指示。

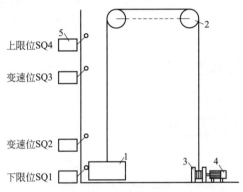

图 6-2　小型货物升降控制系统控制原理图

【相关知识】

触摸屏（touch screen）又称为触控屏、触控面板，是一种可接收触头输入信号的感应式液晶显示装置。当触摸屏幕上的图形按钮时，屏幕上的触觉反馈系统可根据预先编好的程序驱动各种控制装置，并可产生生动的影音效果。触摸屏作为一种新型的电脑输入设备，赋予了多媒体以崭新的面貌，是极富吸引力的多媒体交互设备。使用触摸屏时，用手指或其它物体触摸安装在显示器前端的触摸屏，系统会根据手指触摸的图标或菜单位置来定位选择信息输入。

触摸屏由触摸检测部件和触摸屏控制器组成；触摸检测部件安装在显示器屏幕前面，用于检测用户触摸位置，接收后送触摸屏控制器；触摸屏控制器的主要作用是从触摸点检测装置上接收的触摸信息，并将它转换成触点坐标，再送给 CPU，它同时能接受 CPU 发来的命令并加以执行。

目前市场上触摸屏的种类繁多，价格不一，下面以昆仑通泰 TPC7602TX 触摸屏为例来学习它的用法。昆仑通泰组态软件 MCGS 可从其官网上免费下载。图 6-3 所示为昆仑通泰 TPC7062TX 面板。

双击桌面的图标或者依次单击"开始"→"程序"→"MCGS 组态软件"→"嵌

入版"→"MCGS 组态环境",见图 6-4 ，出现图 6-5 所示界面。

○ TPC7062TX

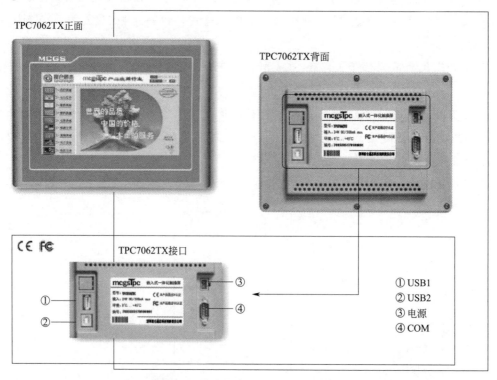

图 6-3　昆仑通泰 TPC7062TX 面板

图 6-4　MCGS 启动运行

图 6-5　MCGS 主界面

1. 创建新工程

单击图 6-5 中的菜单栏"文件"→"新建工程",如图 6-6 所示,弹出图 6-7 所示对话框。

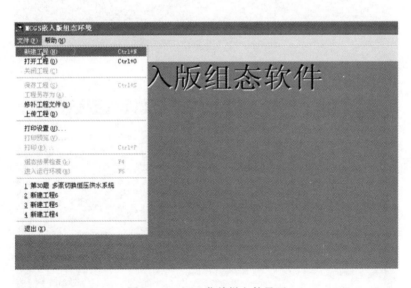

图 6-6　MCGS 菜单栏文件界面

单击"类型"后面的 ▼,选择触摸屏的型号,这里选择"TPC7062TX",选择后单击下面的"确定"即可。然后出现图 6-8 所示界面。

将图 6-8 所示窗口最大化,出现图 6-9 所示界面。

单击"文件"→"工程另存为",如图 6-10 所示,出现图 6-11 所示对话框。

修改文件名为"基于 PLC 的小型货物升降控制系统",如图 6-12 所示。

然后单击"保存"即可,这时回到图 6-13 所示的窗口,一个新的工程就创建成功了。

图 6-7　MCGS 新建工程界面

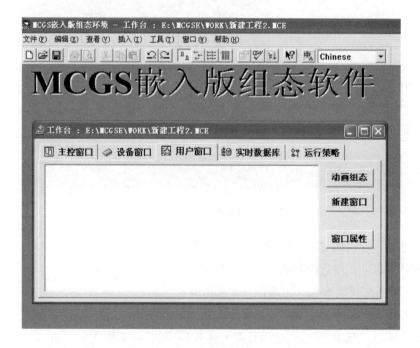

图 6-8　MCGS 工程界面

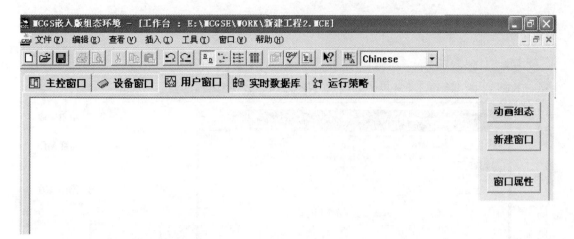

图 6-9 MCGS 工程界面最大化

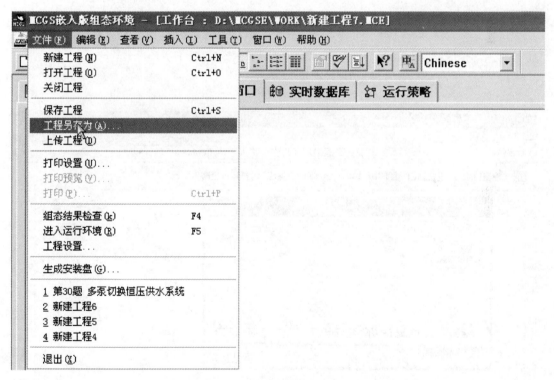

图 6-10 MCGS 工程保存界面（一）

2. 添加设备

单击图 6-13 中的"设备窗口"图标，出现图 6-14 所示的窗口。

在图 6-14 中双击图标设备窗口，出现图 6-15 所示界面。

图 6-11　MCGS 工程保存文件路径选择界面

图 6-12　MCGS 工程保存界面（二）

在图 6-15 中单击鼠标右键，出现图 6-16 所示窗口。

图 6-13　MCGS 工程用户窗口界面

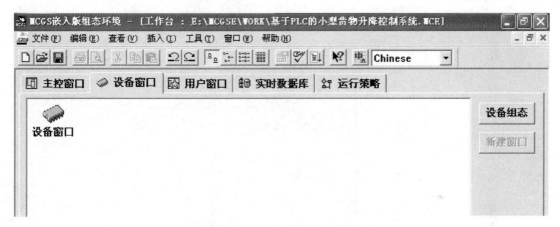

图 6-14　MCGS 设备窗口界面

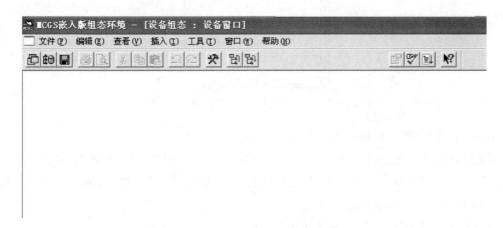

图 6-15　MCGS 设备窗口主界面

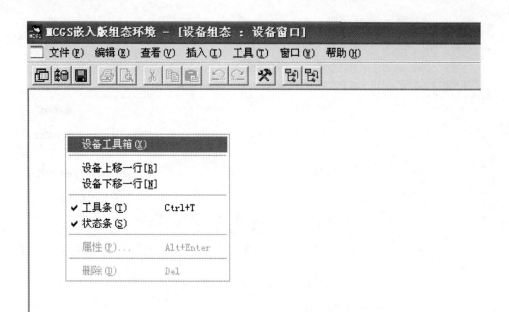

图 6-16　MCGS 设备窗口主界面右键选项

单击图 6-16 中"设备工具箱"出现图 6-17 所示的窗口。

图 6-17　设备工具箱界面

单击"设备管理",出现图 6-18 所示的界面。

双击"通用串口父设备",可看到右边空白处出现了"通用串口父设备",再依次单击上方的"PLC"→"三菱"→"三菱 FX 系列编程口",最后双击"三菱 FX 系列编程口"可看到图 6-19 和图 6-20 所示的信息。

最后单击"确认",出现图 6-21 所示的界面。

依次双击图 6-21 中的"通用串口父设备"和"三菱 FX 系列串口",之后可看到图 6-22

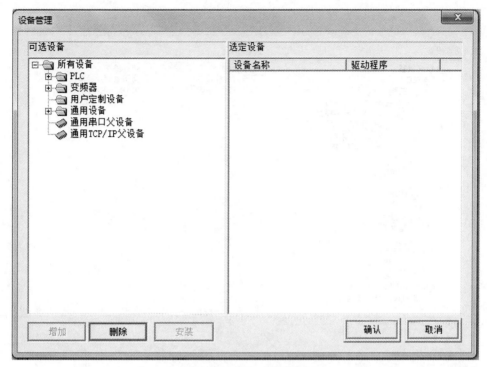

图 6-18　设备管理界面

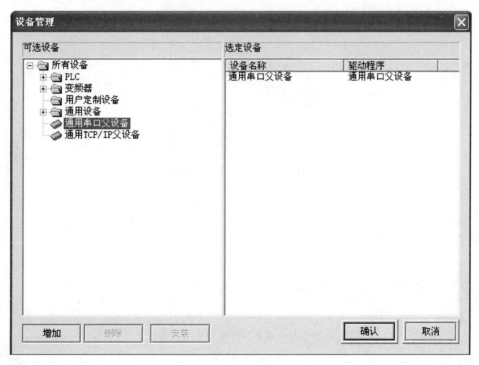

图 6-19　设备管理界面添加串口父设备

所示的界面。

　　关闭"设备工具箱"窗口，然后保存。到这里添加设备就完成了。

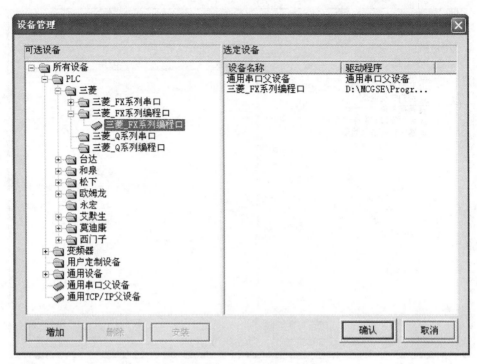

图 6-20 设备管理界面添加三菱 FX 系列编程口

图 6-21 设备管理添加成功界面

3. 创建组态窗口（主窗口和控制窗口）

首先打开用户窗口，单击工具栏最左边的工作台图标 ，再单击"用户窗口"，或者单

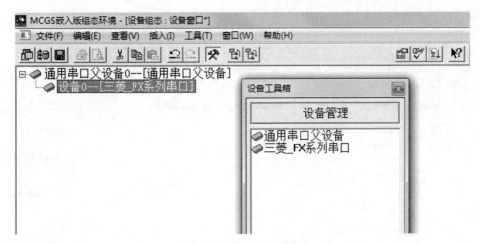

图 6-22 设备窗口界面

击菜单栏中的"查看"→"工作台面"→"用户窗口",如图 6-23 所示。

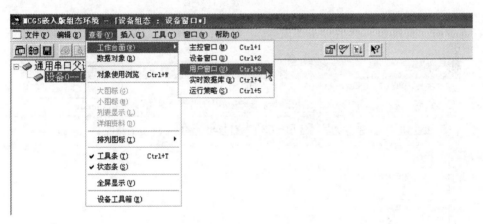

图 6-23 打开用户窗口

打开的用户窗口主界面如图 6-24 所示。

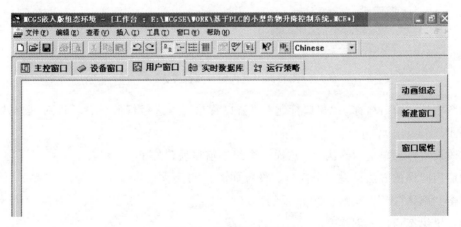

图 6-24 用户窗口主界面

单击右边的 **新建窗口** 图标，出现图 6-25 所示的窗口。

图 6-25　新建窗口界面

右键单击"窗口 0"，然后单击"属性"，如图 6-26 所示，出现图 6-27 所示对话框。

图 6-26　进入窗口属性界面

对图中的"窗口名称""窗口标题""窗口背景"可进行修改设置，现对其修改，如图 6-28 所示。

修改设置好后单击"确认"，这样一个组态窗口就建好了。

然后用同样的方法再建一个窗口，设置如图 6-29 所示。

单击"确认"后出现图 6-30 所示的窗口。

到这里组态窗口就创建完成了。

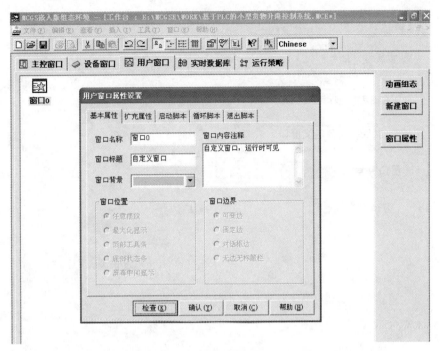

图 6-27 用户窗口属性设置对话框

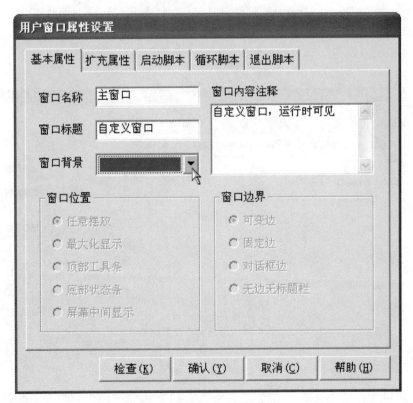

图 6-28 用户窗口属性修改

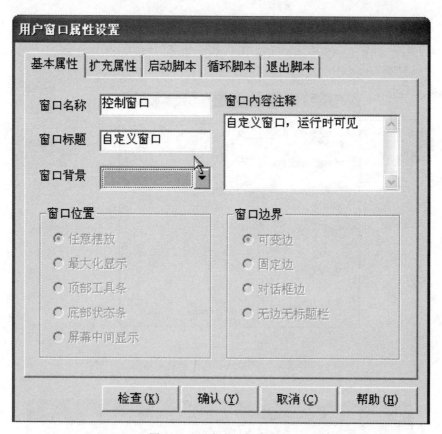

图 6-29　用户窗口新建设置

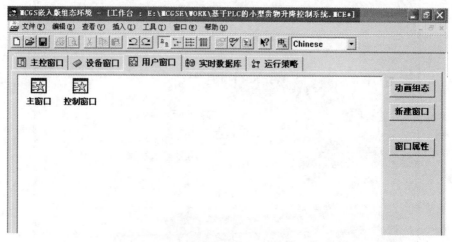

图 6-30　用户窗口设置完毕

4. 动画组态

(1) 主窗口

双击　，出现图 6-31 所示的界面。

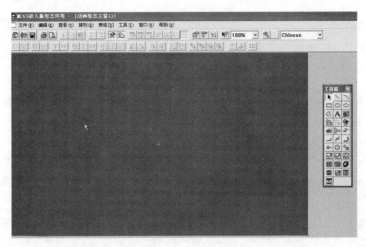

图 6-31　主窗口

单击主窗口右边"工具箱"中的图标 $\mathbf{A}$，然后将鼠标放在编辑区域，按住鼠标左键拖动处一个大小合适的矩形框后松开鼠标左键，出现图 6-32 所示的界面。

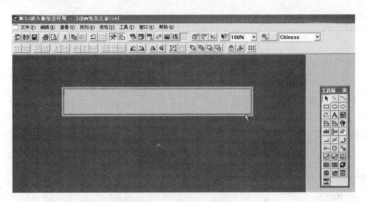

图 6-32　设置矩形框

在矩形框中输入题目"基于 PLC 的小型货物升降控制系统"，如图 6-33 所示。

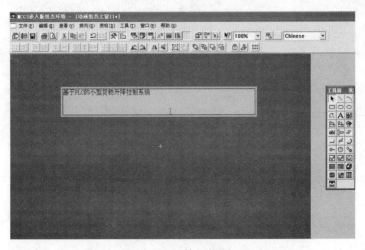

图 6-33　输入标题

输完之后依次单击图标工具栏中的图标 ，设置"填充色"为"没有填充"，"线色"为"没有线色"，"字符色"为"黄色"，字符字体为"楷体"。

大小为一号，设置完之后出现图 6-34 所示的界面。

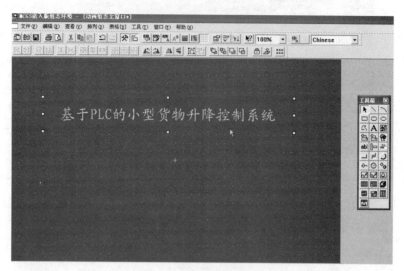

图 6-34　标题设置完成

在图 6-33 中的工具箱中单击按钮图标 ，将鼠标放在编辑区域，按住鼠标左键拖出一个大小合适的矩形框，然后松开鼠标左键，如图 6-35 所示。

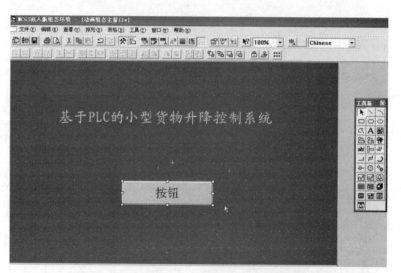

图 6-35　放置按钮

放置好之后双击它，出现图 6-36 所示的按钮构件属性设置对话框。

在文本框中输入"进入系统"四个字，如图 6-37 所示。

然后单击"操作属性"，出现图 6-38 所示的界面。

单击"打开用户窗口"前的白色方框，之后在后面的框中选择"控制窗口"，如图 6-39 所示。

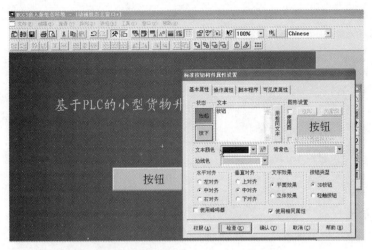

图 6-36　按钮构件属性设置对话框

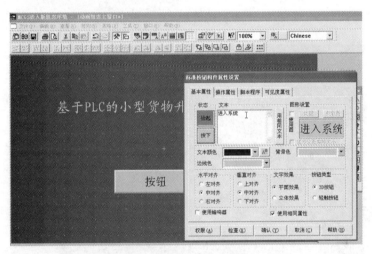

图 6-37　设置按钮名称

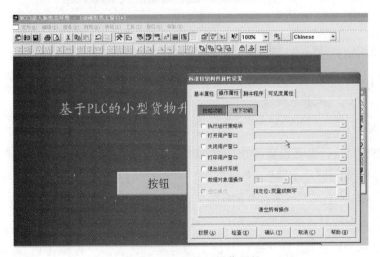

图 6-38　设置按钮操作属性

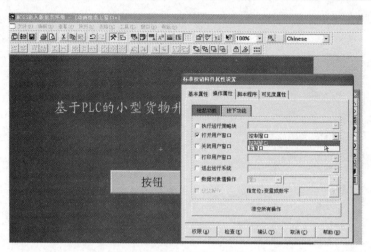

图 6-39　设置按钮功能

最后单击"确认"，出现图 6-40 所示的界面。

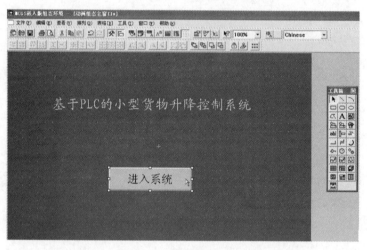

图 6-40　按钮设置完毕

之后依次单击图标 ，设置为无填充，无边线，黄色，字体为楷体，大小为二号，设置后的显示如图 6-41 所示。

到这里"主窗口"就组态完成了。

（2）控制窗口

下面对控制窗口进行组态设置。在这里需要设置组态的是"启动""停止"以及"返回"按钮，还有升降机"上升""下降""高速""低速"的运行指示。关联变量分别为"启动"→M1，"停止"→M2，"上升"→Y0，"下降"→Y1，"高速"→Y2，"低速"→Y3。这里的关联变量都是在 I/O 分配的时候规定的。

首先单击工作台图标 ，显示系统工作台窗口，双击"控制窗口"，出现图 6-42 所示的界面。

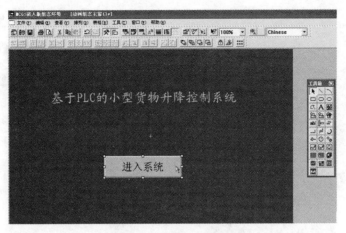

图 6-41　主界面设置完毕

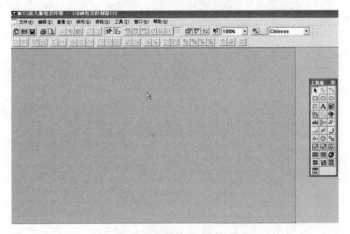

图 6-42　动画组态控制窗口界面

单击按钮图标 ⌐，在组态编辑区域放置一个大小合适的按钮，如图 6-43 所示。

图 6-43　放置按钮

右键单击"按钮"，单击"拷贝"，复制两个"按钮"，如图 6-44 所示。

将这三个按钮排列在不同的位置，如图 6-45 所示。

图 6-44　复制两个按钮

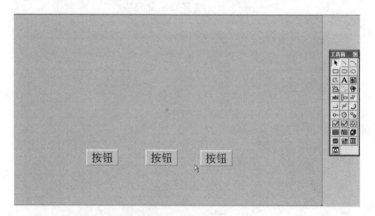

图 6-45　排列按钮

双击第一个按钮，出现图 6-46 所示的操作界面。

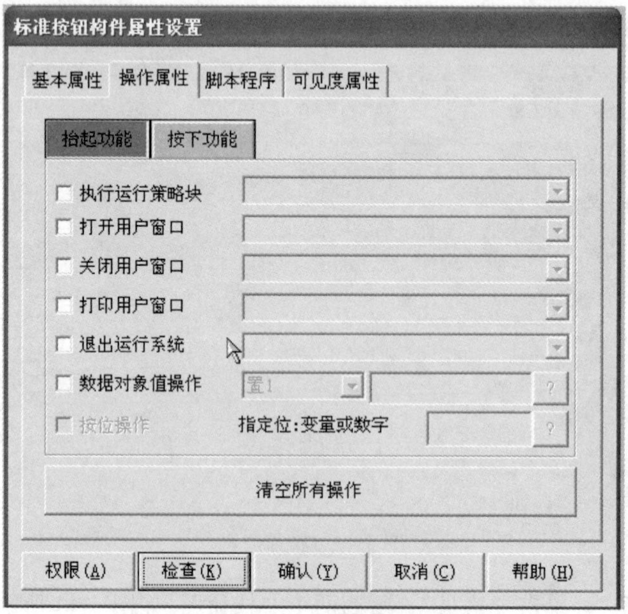

标准按钮构件属性设置

基本属性　操作属性　脚本程序　可见度属性

抬起功能　　按下功能

☐ 执行运行策略块　　　　　　　　　　　　　▼
☐ 打开用户窗口　　　　　　　　　　　　　　▼
☐ 关闭用户窗口　　　　　　　　　　　　　　▼
☐ 打印用户窗口　　　　　　　　　　　　　　▼
☐ 退出运行系统　　　　　　　　　　　　　　▼
☐ 数据对象值操作　　置1　　　　▼　　　　　?
☐ 按位操作　　　指定位:变量或数字　　　　?

清空所有操作

权限(A)　检查(K)　确认(Y)　取消(C)　帮助(H)

图 6-46　按钮操作属性界面

勾选"数据对象值操作",在后面的框中选择"按1松0",如图6-47所示。

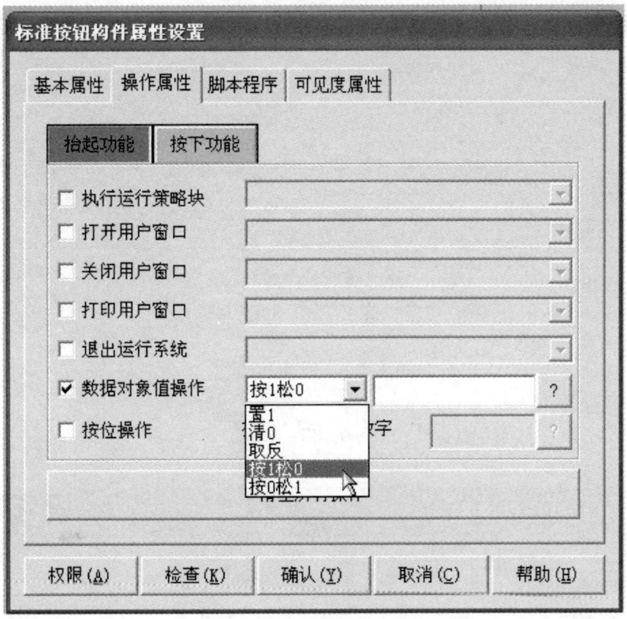

图6-47　设置按钮功能

然后单击后面的 <u>?</u> ,出现图6-48所示的界面。

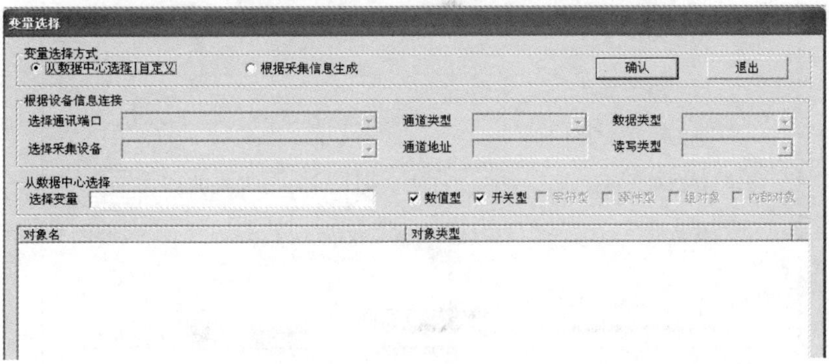

图6-48　变量选择界面

选中上方的"根据采集信息生成",出现图6-49所示的窗口。

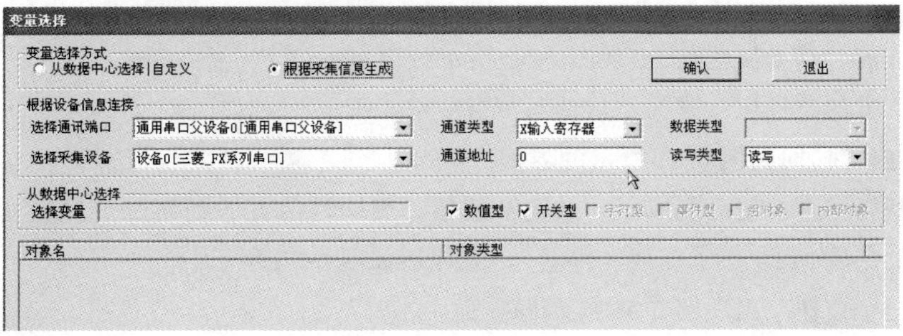

图6-49　变量选择

将"通道类型"选为"M 辅助寄存器","通道地址"为 1，如图 6-50 所示。

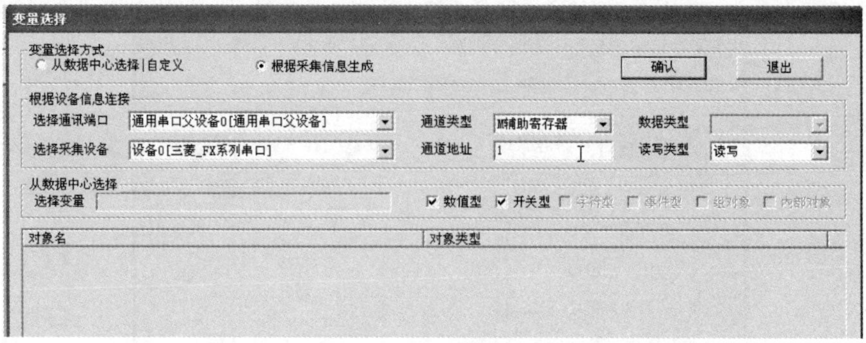

图 6-50　设置变量

最后单击"确认"，回到图 6-51 所示的界面。

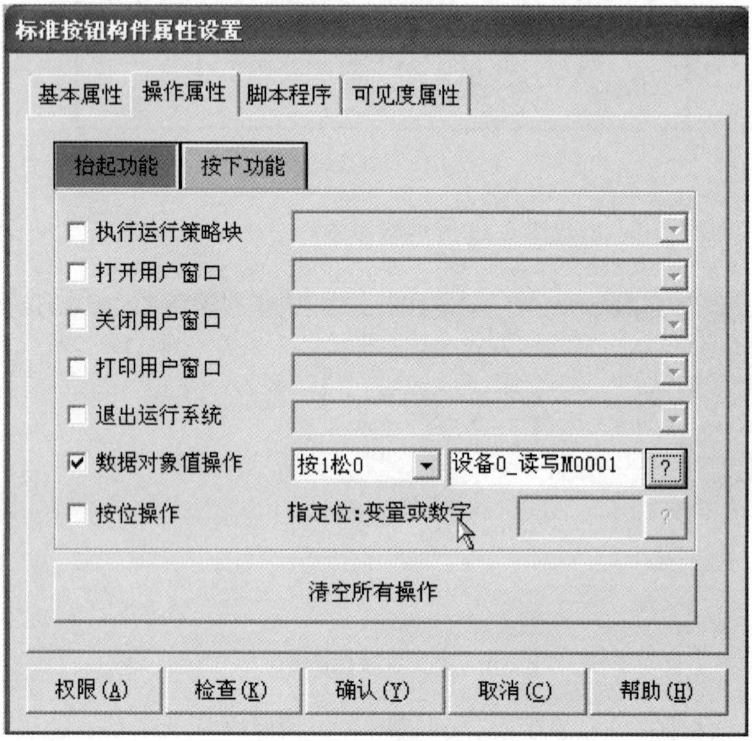

图 6-51　完成属性设置

单击上方的"基本属性"，出现图 6-52 所示的窗口。

将文本下方的"按钮"改为"启动"，如图 6-53 所示。

单击"确认"，回到图 6-54 所示的界面。

可以看到第一个按钮已变成了"启动"按钮。用同样的方法把第二个按钮变成"停止"按钮，把 M1 变成 M2，文本变成"停止"，完成后如图 6-55 所示。

双击第三个按钮，出现图 6-56 所示的界面。

勾选"打开用户窗口"，然后选择它后面的"主窗口"选项，如图 6-57 所示。

图 6-52　按钮基本属性设置

图 6-53　更改按钮文本内容

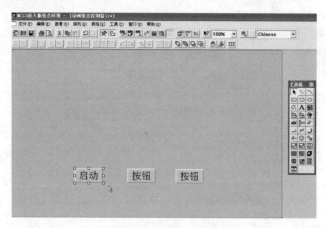

图 6-54　回到主界面

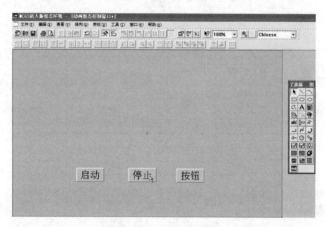

图 6-55　完成按钮更改

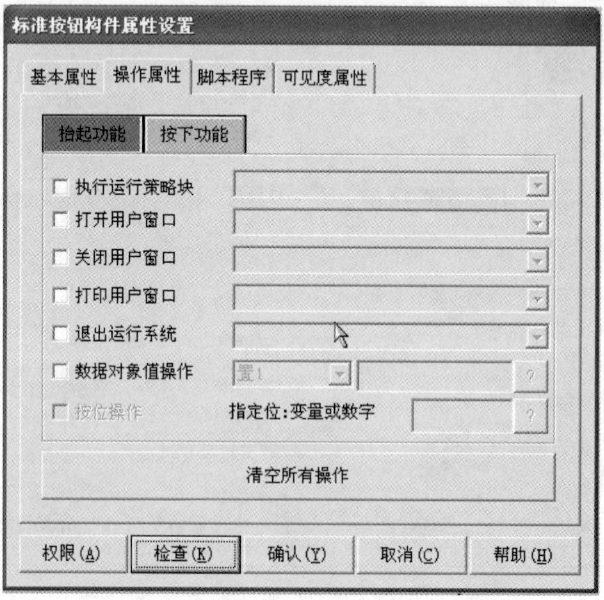

图 6-56　按钮设置界面

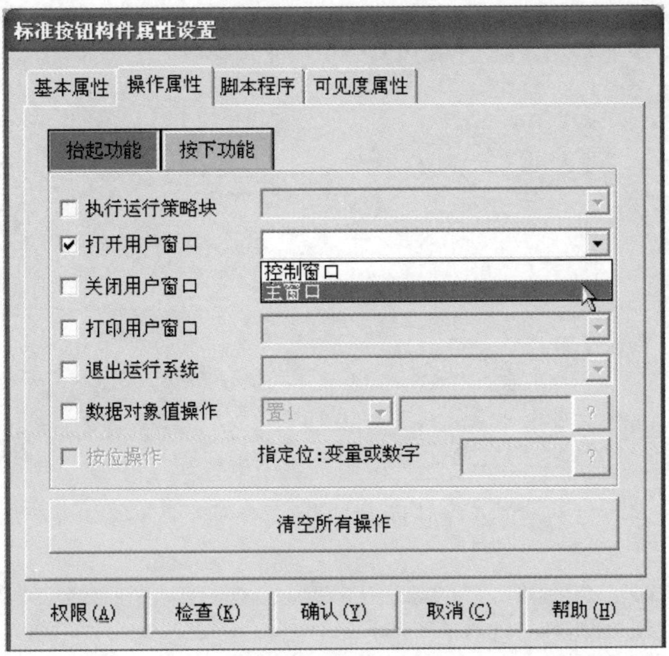

图 6-57　设置按钮功能

单击"基本属性"，将文本中的"按钮"改成"返回"，如图 6-58 所示。

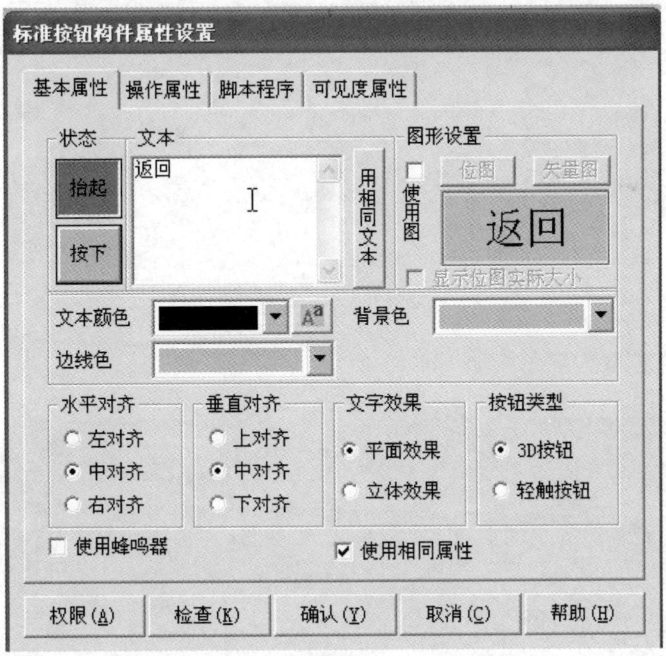

图 6-58　修改按钮文本

最后单击"确认"，回到图 6-59 所示的界面。

下面设置升降机"高速""低速""上升""下降"的运行指示。首先单击工具箱中的椭圆图标 ⊙ ，将鼠标放在组态编辑区域拖出一个大小合适的椭圆，如图 6-60 所示。

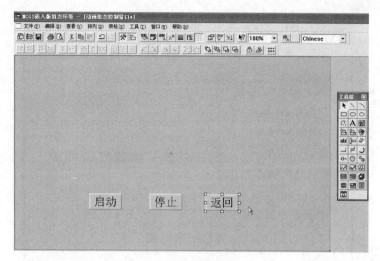

图 6-59　修改完毕

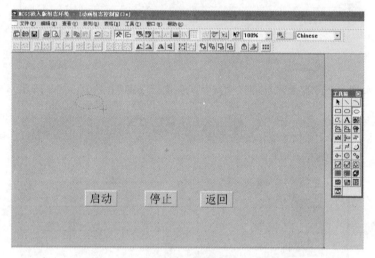

图 6-60　设置图标

将椭圆的填充色改为红色，如图 6-61 所示。

图 6-61　填充为红色

将其复制 4 个，分别放置在不同位置，如图 6-62 所示。

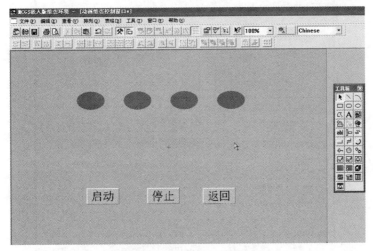

图 6-62　复制 4 个椭圆图标

双击第一个椭圆，出现图 6-63 所示窗口。

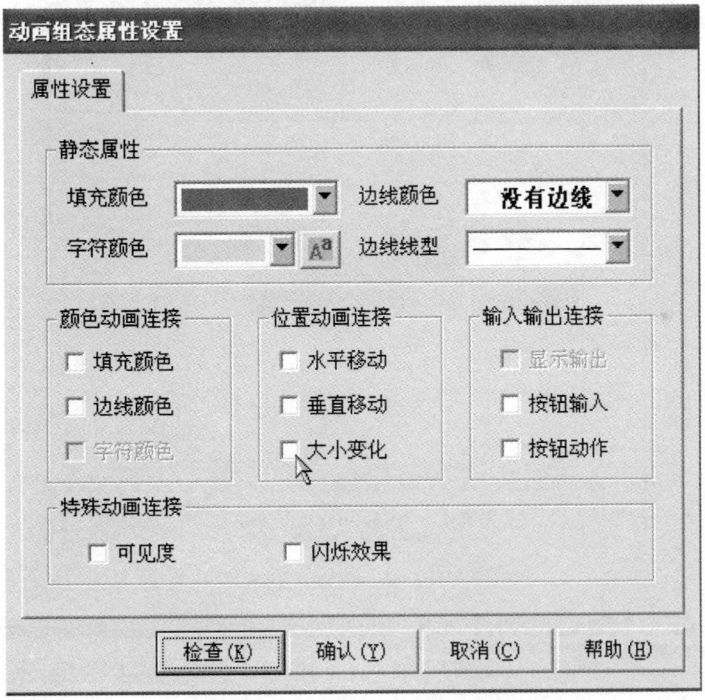

图 6-63　设置椭圆图标属性

单击"填充颜色"，出现图 6-64 所示的界面。

单击上方的"填充颜色"，出现如图 6-65 所示界面。

单击表达式后面的"？"，出现图 6-66 所示界面。

选中"根据采集信息生成"，出现图 6-67 所示的界面。

将通道类型改为"Y 输出寄存器"，"通道地址"为 0，如图 6-68 所示。

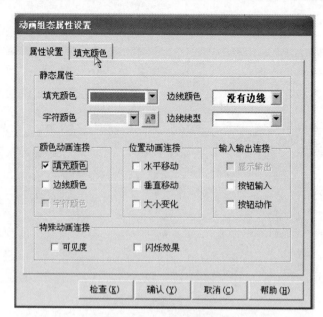

图 6-64　填充颜色

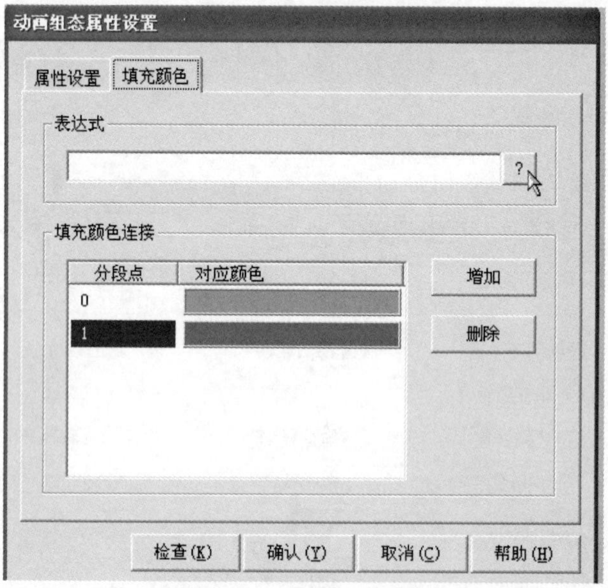

图 6-65　设置表达式

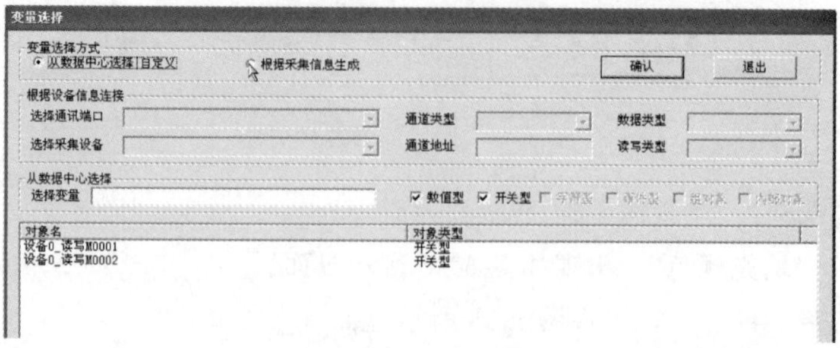

图 6-66　变量选择界面

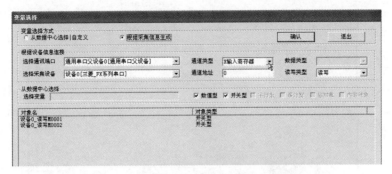

图 6-67   选择变量

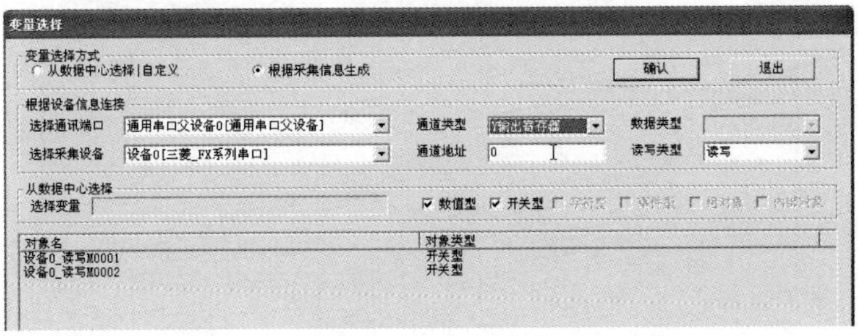

图 6-68   修改变量

单击"确认"，回到图 6-69 所示的界面。

图 6-69   变量设置完成

单击对应颜色色框，选择灰色，如图 6-70 所示。

单击"确认"，回到图 6-71 所示的主界面。

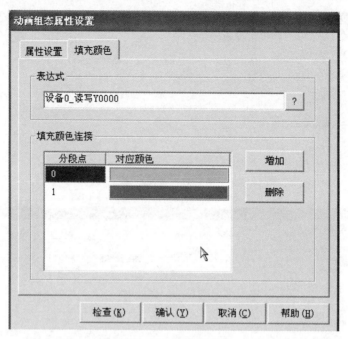

图 6-70　修改颜色

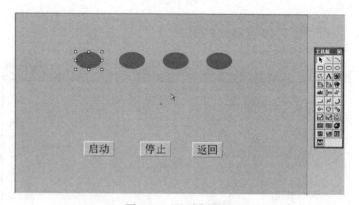

图 6-71　回到主界面

在第一个椭圆下面加上标签"上升",如图 6-72 所示。

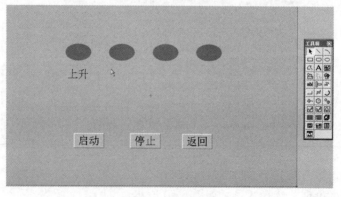

图 6-72　添加标签

这样一个上升指示就完成了，依照此方法分别作出下降、高速、低速指示，如图 6-73 所示。

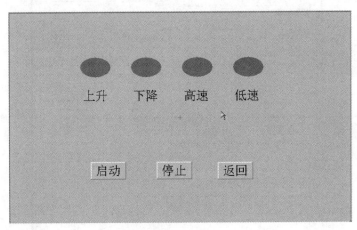

图 6-73　标签添加完成

做完之后单击"保存"按钮。

到这里一个完整的组态工程就完成了。

5. 下载工程

单击下载图标![图标]或者单击菜单栏"工具"→"下载配置"，如图 6-74 所示。

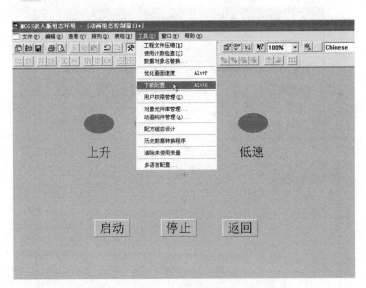

图 6-74　组态下载路径配置

单击之后出现图 6-75 所示的配置界面。

下载分为模拟运行和联机运行，模拟运行即把电脑当作触摸屏，用鼠标单击按钮等开关即可试运行，但电脑必须和 PLC 用串口线相连才能模拟运行；联机运行即把做好的工程组态下载到触摸屏中，由触摸屏来控制 PLC。

选择好模拟运行或者联机运行，然后单击"工程下载"，如果选择联机运行，在单击

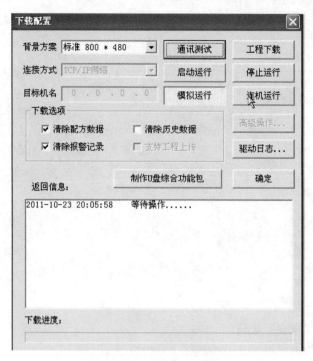

图 6-75　下载配置界面

"工程下载"前还需把连接方式改为"USB 通讯"，如图 6-76 所示。

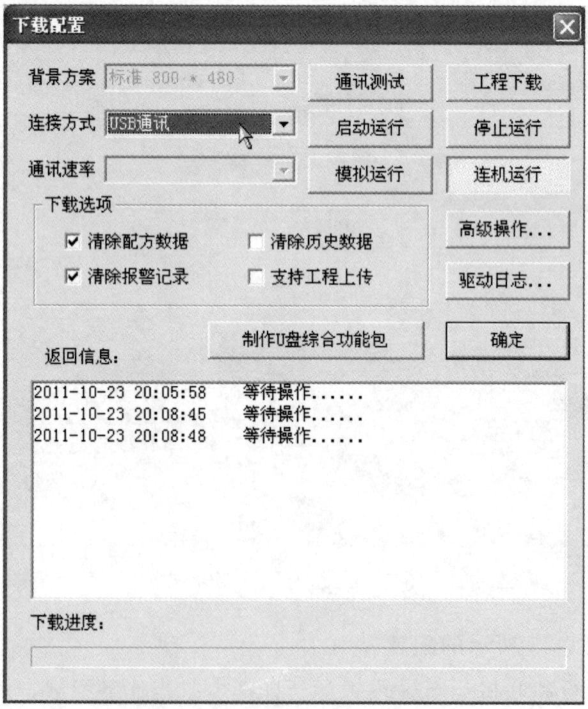

图 6-76　选择"USB 通讯"

再单击"工程下载"，下载完成后出现图 6-77 所示的信息。

图 6-77　下载成功信息

将编制好的程序下载到 PLC 中，将其打到 RUN 状态，单击触摸屏上的"启动""停止"即可对 PLC 进行操作，还可看到上方相应的指示灯点亮的时候变成红色。

到这里，基于 PLC 的小型货物升降控制系统的触摸屏制作就完成了。

【任务实施】

1. 编制 I/O 分配表

见表 6-1。

表 6-1　I/O 分配表

输入		输出	
SB2	X0	上升	Y0
SB3	X1	下降	Y1
SQ1	X2	低速	Y2
SQ2	X3	高速	Y3
SQ3	X4		
SQ4	X5		

2. 画出 I/O 接线图

见图 6-78。

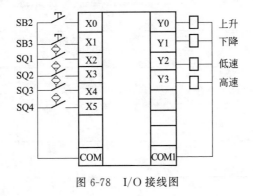

图 6-78　I/O 接线图

3. 编制程序

编制梯形图程序，见图 6-79。

```
       X002   X000
  0 ────┤↑├────┤├──────────────────────────────────────────[SET    M0 ]

       M0
  3 ────┤↑├──────────────────────────────────────────────[SET    Y000 ]

       M0
  6 ────┤↑├─┬────────────────────────────────────────────[SET    Y002 ]
       M1  │
      ─┤↑├─┤
       M2  │
      ─┤↑├─┤
       M5  │
      ─┤↑├─┘
       M3
 15 ────┤↑├─┬──────────────────────────────────────────────[SET    Y003 ]
       M4  │
      ─┤↑├─┘

       ...
       Y000   Y002   X003
 20 ────┤├─────┤├─────┤├──┬─────────────────────────────────[SET    M3 ]
                        ├─────────────────────────────────[RST    Y002 ]
                        └─────────────────────────────────[RST    M0 ]

       Y000   Y003   X004
 26 ────┤├─────┤├─────┤├──┬─────────────────────────────────[RST    Y003 ]
                        └─────────────────────────────────[SET    M1 ]

       X005   Y002   Y000
 31 ────┤↑├────┤├─────┤├──┬───────────────────────────[ZRST   Y000   Y003 ]
                        └───────────────────────────[ZRST   M0   M3 ]

       X005   X001
 45 ────┤├─────┤├──┬────────────────────────────────────────[SET    Y001 ]
                 └────────────────────────────────────────[SET    M2 ]

       X004   Y001   Y002
 49 ────┤├─────┤├─────┤├──┬─────────────────────────────────[RST    Y002 ]
                        └─────────────────────────────────[SET    M4 ]

       X003   Y001   Y003
 54 ────┤├─────┤├─────┤├──┬─────────────────────────────────[RST    Y003 ]
```

54
X003
Y001
Y003
[RST Y003]
[SET M5]
[RST M4]
60
X002
Y001
Y002
[ZRST Y000 Y003]
[ZRST M0 M5]
73
[END]

图 6-79　梯形图

项目训练

1. 简述触摸屏的工作原理。
2. 应用触摸屏和 PLC 实现十字路口交通灯图形控制。
3. 试设计图 6-80 所示的触摸屏界面。

M3
ON
M3
M2
4M1
4M2
M1
M2
ON
ON
OFF
4M1
4M2

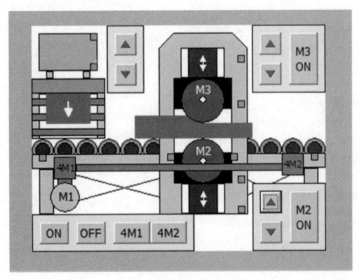

图 6-80　触摸屏界面

参考文献

［1］ 朱建明．传感器与 PLC 应用．北京：中国劳动社会保障出版社，2009.

［2］ 孙振强，王晖，孙玉峰．可编程控制器原理及应用教程．2 版．北京：清华大学出版社，2008.

［3］ 人力资源和社会保障部教材办公室．可编程序控制器及外围设备安装．北京：中国劳动社会保障出版社，2014.

［4］ 王伟超．可编程序控制器及外围设备的安装一体化工作页．吉林：东北师范大学出版社，2016.

［5］ 高勤．可编程控制器原理及应用（三菱机型）．北京：电子工业出版社，2013.